现代数学基础

57

椭圆型偏微分方程

■ 刘宪高

TUOYUANXING PIANWEIFEN FANGCHENG

高等教育出版社·北京

图书在版编目（CIP）数据

椭圆型偏微分方程 / 刘宪高编著. -- 北京：高等教育出版社，2015. 12

(现代数学基础)

ISBN 978-7-04-044048-5

Ⅰ. ①椭… Ⅱ. ①刘… Ⅲ. ①椭圆型方程 - 偏微分方程 Ⅳ. ① O175.2

中国版本图书馆 CIP 数据核字（2015）第 245960 号

策划编辑 王丽萍　　责任编辑 李 鹏　　封面设计 赵 阳　　版式设计 杜微言
责任校对 王 雨　　责任印制 毛斯璐

出版发行 高等教育出版社
社　　址 北京市西城区德外大街4号
邮政编码 100120
印　　刷 北京鑫丰华彩印有限公司
开　　本 787mm×1092mm 1/16
印　　张 9.5
字　　数 170 千字
购书热线 010-58581118
咨询电话 400-810-0598
网　　址 http://www.hep.edu.cn
　　　　 http://www.hep.com.cn
网上订购 http://www.landraco.com
　　　　 http://www.landraco.com.cn
版　　次 2015年12月第1版
印　　次 2015年12月第1次印刷
定　　价 39.00 元

物 料 号 44048-00

序言

1900 年, Hilbert 在巴黎国际数学家大会上提出了 23 个最重要的问题供 20 世纪的数学家们去研究, 这就是著名的 “Hilbert 23 个问题”. 其中有 3 个问题 (第 19, 20, 23 问题) 与偏微分方程有关. 自此之后, 偏微分方程特别是椭圆型方程的有关研究取得了奠基性的成果. 这些成果大部分都总结在 D. Gilbarg 和 N. Trudinger [GT] 以及 M. Giaquinta [Gia] 的书中.

在给复旦大学数学科学学院的研究生开设的 “二阶椭圆型方程” 课程教学中, 作者发现要在一个学期内讲授椭圆型方程解的正则性研究方法, 有必要写一本教材供学生用. 因为 [GT] 的内容太多, [Gia] 是讲授椭圆型方程组和变分问题. 当然陈亚浙和吴兰成 [CW] 与 Q. Han 和 F. Lin [HL] 是很好的教材. 作者在书中主要添加了 Blow up 分析方法.

在本书的写作中, 一些学生对打印错误给出了指正, 龚华均、王奎博士对书稿做了仔细阅读, 纠正了一些不当之处, 在此表示感谢.

目录

第一章　调和函数

假设 Ω 是 $\mathbb{R}^n$ 中的区域, 定义 Laplace 算子 $\Delta = \sum_{i=1}^{n} \frac{\partial^2}{\partial x_i^2}$. $u \in C^2(\Omega)$ 满足方程

$$\Delta u(x) = 0, \quad x \in \Omega,$$

则称 u 是 Ω 上的调和函数. 在椭圆型方程理论中, 调和函数基本性质是最重要的性质, 在某些方面反映了一般椭圆型方程解的特质. 本章主要研究调和函数的平均值性质和由这一性质派生的结论、调和函数由 Green 函数积分表达式决定的性质以及下调和函数的极值原理和调和函数的存在性方法 —— Perron 方法. 在本章的最后讨论调和函数的边界性质, 给出正则点的 Wiener 准则.

§1.1　平均值性质

定义 1.1　设 $\Omega \subset \mathbb{R}^n$ 是连通开集, $B_r(x) \subset \Omega$, 可积函数 $u \in L^1(\Omega)$ 的平均值性质定义为

$$u(x) = \frac{1}{\omega_n r^{n-1}} \int_{\partial B_r(x)} u(y) dS(y)$$

或者

$$u(x) = \frac{1}{|B_r|} \int_{B_r(x)} u(y) dy = \frac{n}{\omega_n r^n} \int_{B_r(x)} u(y) dy.$$

这里单位球面 $\mathbb{S}^{n-1}$ 的面积

$$\omega_n = \frac{2\Gamma\left(\frac{1}{2}\right)^n}{\Gamma\left(\frac{n}{2}\right)}, \quad 其中\ \Gamma\left(\frac{n}{2}\right) = \int_0^\infty t^{\frac{n}{2}-1}e^{-t}dt.$$

定理 1.1　如果 $u \in C(\overline{\Omega})$ 有平均值性质, 则非常数 u 仅在边界上取得极值.

证明　若不然, 不妨设 $x_0 \in \Omega$ 是 u 的最大值点, 则 $\mathrm{meas}\{x \in B_r(x_0) : u(x) < u(x_0)\} > 0$, 进而,

$$u(x_0) = \frac{1}{|B_r(x_0)|}\int_{B_r(x_0)} u(y)dy < u(x_0).$$

□

定理 1.2　调和函数有平均值性质. 反之, 如果 $u \in C(\Omega)$ 有平均值性质, 则 u 是光滑的调和函数.

证明　假设 $u \in C^2(\Omega)$ 调和, 对任意的 $B_r(x) \subset \Omega$,

$$\begin{aligned} 0 &= \int_{B_r(x)} \Delta u(y)dy = \int_{\partial B_r} \frac{\partial u}{\partial r}dS_r \\ &= r^{n-1}\frac{d}{dr}\int_{|w|=1} u(x+rw)dS_1, \end{aligned}$$

$$\int_{|w|=1} u(x+rw)dS_1 = \text{constant},$$

即 u 具有平均值性质.

反之, 如果 u 是光滑具有平均值性质的函数, 则从

$$\begin{aligned} \int_{B_r(x)} \Delta u(y)dy &= r^{n-1}\frac{d}{dr}\int_{|w|=1} u(x+rw)dS_1 \\ &= r^{n-1}\frac{d}{dr}\int_{|w|=1} u(x+r_0w)dS_1 \\ &= 0 \end{aligned}$$

知 u 调和. 而 u 的光滑性在于它可以写成卷积的形式: 设 $\varphi \in C_0^\infty(B_1(0))$ 满足

$$\varphi(x) = \psi(|x|), \quad \int_{B_1(0)} \varphi(x)dx = 1 = \omega_n\int_0^1 r^{n-1}\psi(r)dr,$$

令 $\varphi_\varepsilon(x) = \frac{1}{\varepsilon^n}\varphi\left(\frac{x}{\varepsilon}\right)$, $x \in \Omega_\varepsilon = \{y \in \Omega : \operatorname{dist}(y, \partial\Omega) > \varepsilon\}$, 则

$$\begin{aligned}\int_\Omega u(y)\varphi_\varepsilon(y-x)dy &= \int_\Omega u(x+y)\varphi_\varepsilon(y)dy \\ &= \int_{|y|<1} u(x+\varepsilon y)\varphi(y)dy \\ &= \int_0^1 r^{n-1}dr \int_{\partial B_1(0)} u(x+\varepsilon rw)\varphi(rw)dS_1 \\ &= \int_0^1 r^{n-1}\psi(r)dr \int_{\partial B_1(0)} u(x+\varepsilon rw)dS_1 \\ &= u(x).\end{aligned}$$

□

下面的定理描述调和函数的梯度估计.

定理 1.3 假设 $u \in C(\overline{B_R(x_0)})$ 在 $B_R(x_0)$ 中调和, 则

$$|D^m u(x_0)| \leqslant \frac{n^m e^{m-1} m!}{R^m} \max_{B_R} |u|.$$

证明 $m=1$ 时, 由于 u 光滑, 且 Du 调和, 则由平均值性质有:

$$\begin{aligned}Du(x_0) &= \frac{n}{\omega_n R^n}\int_{B_R(x_0)} Du(y)dy \\ &= \frac{n}{\omega_n R^n}\int_{\partial B_R(x_0)} u(y)\nu dS_R.\end{aligned}$$

$$|Du(x_0)| \leqslant \frac{n}{\omega_n R^n}\max_{B_R(x_0)}|u|\omega_n R^{n-1} = \frac{n}{R}\max_{B_R(x_0)}|u|.$$

假设 m 时成立, 记 $r=(1-\theta)R, \theta \in (0,1)$, 于是

$$|D^{m+1}u(x_0)| \leqslant \frac{n}{r}\max_{B_r(x_0)}|D^m u|.$$

对任意的 $y \in B_r(x_0)$,

$$|D^m u(y)| \leqslant \frac{n^m e^{m-1} m!}{(R-r)^m}\max_{B_{R-r}(y)}|u| \leqslant \frac{n^m e^{m-1} m!}{(R-r)^m}\max_{B_R(x_0)}|u|,$$

即

$$\max_{B_r(x_0)}|D^m u| \leqslant \frac{n^m e^{m-1} m!}{(R-r)^m}\max_{B_R(x_0)}|u|.$$

故取 $\theta = \dfrac{m}{m+1}$, $\dfrac{1}{\theta^m(1-\theta)} = \left(1+\dfrac{1}{m}\right)^m (1+m) \leqslant e(m+1)$,

$$\begin{aligned}|D^{m+1}u(x_0)| &\leqslant \frac{n}{r}\frac{n^m e^{m-1} m!}{(R-r)^m} \max_{B_R(x_0)} |u| \\ &= \frac{n^{m+1}e^{m-1}m!}{R^{m+1}\theta^m(1-\theta)} \max_{B_R(x_0)} |u| \\ &\leqslant \frac{n^{m+1}e^m(m+1)!}{R^{m+1}} \max_{B_R(x_0)} |u|.\end{aligned}$$

□

推论 1.1 (1) 如果 $u \in C(\overline{B_R(x_0)})$ 是非负调和函数, 则

$$|Du(x_0)| \leqslant \frac{n}{R} u(x_0).$$

(2) $\mathbb{R}^n$ 上的有界调和函数是常数.

证明 (1) 由于

$$Du(x_0) = \frac{1}{|B_R|}\int_{B_R(x_0)} Du(y)dy = \frac{1}{|B_R|}\int_{\partial B_R(x_0)} u\nu dS_R,$$

$$|Du(x_0)| \leqslant \frac{n}{R} u(x_0).$$

(2) 由 (1) 易证. □

定理 1.4 调和函数是解析的.

证明 固定 $x \in \Omega$, 取 $B_{2R}(x) \subset \Omega$, $|h| \leqslant R$, 则

$$u(x+h) = u(x) + \sum_{i=1}^{m-1} \frac{1}{i!}(h\nabla)^i u(x) + R_m(h),$$

$$\begin{aligned}R_m(h) &= \frac{1}{m!}\int_0^1 (h\nabla)^m u(x+\theta h)d\theta \\ &\leqslant \frac{1}{m!}|h|^m n^m \frac{n^m e^{m-1} m!}{R^m} \max_{B_{2R}(x)} |u| \\ &\leqslant \left(\frac{|h|n^2 e}{R}\right)^m \max_{B_{2R}(x)} |u|.\end{aligned}$$

当 $|h|n^2 e \leqslant \dfrac{R}{2}$ 时, $|R_m(h)| \to 0$. □

定理 1.5 (Harnack 不等式) 假设 u 是 Ω 上非负调和函数, 则对任何紧集 $K \subset \Omega$, 存在常数 $C(\Omega, K)$, 使得

$$\frac{1}{C}u(y) \leqslant u(x) \leqslant Cu(y), \quad \forall x, y \in K.$$

证明 设 $B_{4R}(x_0) \subset \Omega$, 则对任何 $x, y \in B_R(x_0)$,

$$\begin{aligned} u(x) &= \fint_{B_R(x)} u(z)dz \leqslant \frac{1}{|B_R|} \int_{B_{3R}(y)} u(z)dz \\ &= 3^n \fint_{B_{3R}(y)} u(z)dz = 3^n u(y). \end{aligned}$$

类似地,

$$u(y) \leqslant 3^n u(x),$$

即

$$\frac{u(y)}{3^n} \leqslant u(x) \leqslant 3^n u(y).$$

对于紧集 K, 存在有限覆盖 $B_R(x_i), i = 1, 2, \cdots, N$. 对任何 $x, y \in K$,

$$\frac{u(y)}{3^{Nn}} \leqslant u(x) \leqslant 3^{Nn} u(y).$$

□

定理 1.6 (Weyl) 设 $\Omega \subset \mathbb{R}^n$, $u \in C(\Omega)$ 满足

$$\int_\Omega u\Delta\varphi = 0, \quad \forall \varphi \in C_0^2(\Omega).$$

则 u 调和.

证明 设 $x = 0, n \geqslant 3$, $n = 2$ 的证明是显然的. 定义

$$\varphi(y, r) = \begin{cases} (|y|^2 - r^2)^n, & |y| \leqslant r, \\ 0, & |y| > r. \end{cases}$$

$$\Delta\varphi(y, r) = \begin{cases} 2n(|y|^2 - r^2)^{n-2} \left[2(n-1)|y|^2 + n(|y|^2 - r^2)\right], & |y| \leqslant r, \\ 0, & |y| > r. \end{cases}$$

记

$$\varphi_2(y, r) = (|y|^2 - r^2)^{n-2} \left[2(n-1)|y|^2 + n(|y|^2 - r^2)\right].$$

则

$$\int_{B_r(0)} u(y)\varphi_2(y, r)dy = 0.$$

我们有

$$\begin{aligned} 0 &= \frac{d}{dr} \int_{B_r(0)} u(y)\varphi_2(y, r)dy \\ &= \int_{\partial B_r(0)} u(y)\varphi_2(y, r)dS_r(y) + \int_{B_r(0)} u(y)\frac{d}{dr}\varphi_2(y, r)dy \\ &= \int_{B_r(0)} u(y)\frac{d}{dr^2}\varphi_2(y, r)(2r)dy, \quad \varphi_2|_{\partial B_r(0)} = 0, \end{aligned}$$

即

$$\int_{B_r(0)} u(y) \frac{d}{dr^2} \varphi_2(y,r) dy = 0.$$

由归纳法,

$$\int_{B_r(0)} u(y) \frac{d^{n-2}}{d(r^2)^{n-2}} \varphi_2(y,r) dy = 0.$$

注意到

$$\begin{aligned}\frac{d^{n-2}}{d(r^2)^{n-2}} \varphi_2(y,r) &= \left[2(n-1)|y|^2 + n(|y|^2 - r^2)\right](-1)^{n-2}(n-2)! \\ &\quad + (-1)^{n-1} n C_{n-2}^1 (n-2)!(r^2 - |y|^2) \\ &= (-1)^{n-2}(n-2)![(n^2+n-2)|y|^2 - (n^2-n)r^2],\end{aligned}$$

我们有

$$\int_{B_r(0)} u(y)[(n^2+n-2)|y|^2 - (n^2-n)r^2] dy = 0.$$

这样

$$\int_{\partial B_r(0)} u(y) 2(n-1) r^2 dS_r - \int_{B_r(0)} 2(n-1) n r u(y) dy = 0,$$

即

$$r \int_{\partial B_r(0)} u(y) dS_r - n \int_{B_r(0)} u(y) dy = 0.$$

$$\begin{aligned}\frac{d}{dr}\left(\frac{1}{\omega_n r^{n-1}} \int_{\partial B_r(0)} u dS_r\right) &= \frac{n}{\omega_n} \frac{d}{dr}\left(\frac{1}{r^n} \int_{B_r(0)} u(y) dy\right) \\ &= \frac{n}{\omega_n}\left(-\frac{n}{r^{n+1}} \int_{B_r(0)} u(y) dy + \frac{1}{r^n} \int_{\partial B_r(0)} u(y) dS_r\right) \\ &= 0.\end{aligned}$$

具有平均值性质. 因此它是调和的. □

§1.2 基 本 解

调和方程

$$\Delta_x \Gamma(x, x_0) = 0, \quad x \in \mathbb{R}^n \backslash \{x_0\}$$

的轴对称解 $\Gamma(|x-x_0|) = v(r)$ 满足常微分方程:

$$\Delta v = v''(r) + v'(r) \frac{n-1}{r} = 0.$$

故

$$v(r)=\begin{cases} c\log r+c_1, & n=2,\\ c\,r^{2-n}+c_1, & n\geqslant 3.\text{①}\end{cases}$$

因此非平凡解 $v(r)$ 在 $r=0$ 即 x_0 处具有奇性:

$$\lim_{r\to 0}v(r)=\infty.$$

一般地称方程

$$\Delta_x\Gamma(x,x_0)=\delta_{x_0}(x),\quad x\in\mathbb{R}^n$$

的这种轴对称解为基本解, 这里 $\delta_{x_0}(x)$ 是 Dirac 广义函数. 即

$$\int_{B_r(x_0)}\Delta_x\Gamma(x,x_0)dx=\int_{\partial B_r(x_0)}\Gamma'(r)dS_r=1,$$

$n=2$ 时,

$$\int_{\partial B_r(x_0)}c\,r^{-1}dS_r=c\cdot 2\pi=1.$$

$n\geqslant 3$ 时,

$$\int_{|w|=1}c\,(2-n)r^{1-n}r^{n-1}dS_1=c\,(2-n)\omega_n=1.$$

因此

$$\Gamma(x,x_0)=\begin{cases}\dfrac{1}{2\pi}\log|x-x_0|, & n=2,\\[2ex] \dfrac{1}{\omega_n(2-n)}|x-x_0|^{2-n}, & n\geqslant 3.\end{cases}$$

称 $\Gamma(x,x_0)$ 为 Laplace 算子 Δ 的基本解.

假设 $\Omega\subset\mathbb{R}^n$ 是使得散度定理成立的有界区域, $u,v\in C^1(\overline{\Omega})\cap C^2(\Omega)$, 则成立 Green 公式:

$$\int_\Omega(u\Delta v-v\Delta u)=\int_{\partial\Omega}\left(u\frac{\partial v}{\partial\nu}-v\frac{\partial u}{\partial\nu}\right).\tag{1.1}$$

如果取 $v(x)=\Gamma(x,x_0)$, 假设 $B_r(x_0)\subset\Omega$, 则在 $\Omega_r=\Omega\backslash B_r(x_0)$ 上应用上面的公式:

$$\int_{\Omega_r}(u\Delta\Gamma-\Gamma\Delta u)=\int_{\partial\Omega}\left(u\frac{\partial\Gamma}{\partial\nu}-\Gamma\frac{\partial u}{\partial\nu}\right)-\int_{\partial B_r(x_0)}\left(u\frac{\partial\Gamma}{\partial\nu}-\Gamma\frac{\partial u}{\partial\nu}\right).$$

注意到

$$\Delta\Gamma=0,\quad x\in\Omega_r;$$

①本书使用 log 表示自然对数. —— 编者注

$$\left|\int_{\partial B_r(x_0)}\Gamma\frac{\partial u}{\partial\nu}\right|=\frac{r^{2-n}}{\omega_n(n-2)}\left|\int_{\partial B_r(x_0)}\frac{\partial u}{\partial\nu}\right|\leqslant\frac{r}{n-2}\max_{\partial B_r(x_0)}|\nabla u|\to 0;$$

$$\int_{\partial B_r(x_0)}u\frac{\partial\Gamma}{\partial\nu}=\frac{1}{\omega_n r^{n-1}}\int_{\partial B_r(x_0)}udS_r\to u(x_0).$$

于是由 Green 公式

$$u(x_0)=\int_\Omega\Gamma\Delta u+\int_{\partial\Omega}\left(u\frac{\partial\Gamma}{\partial\nu}-\Gamma\frac{\partial u}{\partial\nu}\right).\tag{1.2}$$

定理 1.7 假设 u 在 Ω 中调和, 则对任意的 $B_r(x_0)\subset\Omega$,

$$\sup_{B_{r/2}}|u|\leqslant c(n)\left(⨍_{B_r}|u|^p\right)^{\frac{1}{p}},\quad p\geqslant 1;$$

$$\sup_{B_{r/2}}|\nabla u|\leqslant\frac{c(n)}{r}\sup_{B_r(x_0)}|u|.$$

证明 设标准的截断函数 $\varphi\in C_0^\infty(B_r(x_0))$, $\varphi(x)=1,\forall x\in B_{r/2}(x_0)$, $0\leqslant\varphi(x)\leqslant 1$, $|\nabla\varphi|\leqslant cr^{-1}$. 取 $v(x)=\varphi(x)\Gamma(x,x_0)$, 在 $\Omega\backslash B_\varepsilon(x_0)$ 上, 由 Green 公式 (1.1), 成立

$$\int_{\Omega\backslash B_\varepsilon(x_0)}(u\Delta(\varphi\Gamma)-\varphi\Gamma\Delta u)=\int_{\partial(\Omega\backslash B_\varepsilon(x_0))}\left(u\frac{\partial(\varphi\Gamma)}{\partial\nu}-(\varphi\Gamma)\frac{\partial u}{\partial\nu}\right),$$

对任意的 $x\in B_{r/2}(x_0)$, 注意到在 ∂B_r 附近 $\varphi=0$, 且 $\Delta(\varphi\Gamma)=\Gamma\Delta\varphi+2\nabla\varphi\nabla\Gamma+\varphi\Delta\Gamma$, 我们得到

$$u(x_0)=-\int_{r/2<|y-x_0|<r}\Delta(\varphi\Gamma)udy.$$

由于

$$|\Delta(\varphi\Gamma)|\leqslant c(n)r^{-n},$$

有

$$|u(x_0)|\leqslant c(n)r^{-n}\int_{B_r(x_0)}|u|\leqslant c(n)\left(⨍_{B_r(x_0)}|u|^p\right)^{\frac{1}{p}},\quad p\geqslant 1.$$

又由

$$\nabla u(x_0)=-\int_{r/2<|y-x_0|<r}u(y)\Delta(\varphi(y)\nabla_{x_0}\Gamma(y,x_0))dy$$

和

$$|\Delta(\varphi(y)\nabla_{x_0}\Gamma(y,x_0))|\leqslant c(n)r^{n+1},$$

得到

$$\sup_{B_{r/2}(x_0)}|\nabla u|\leqslant\frac{c(n)}{r}\sup_{B_r(x_0)}|u|.$$

□

Poisson 方程的 Dirichlet 边值问题:

$$
\text{(D)} \quad \begin{cases} \Delta u = f, & x \in \Omega, \\ u = \varphi, & x \in \partial\Omega. \end{cases}
$$

由 Green 公式, 对 $x \in \Omega$,

$$
\begin{aligned}
u(x) &= \int_\Omega \Gamma(x,y)\Delta u(y)dy - \int_{\partial\Omega} \left[\Gamma(x,y)\frac{\partial u(y)}{\partial\nu} - u(y)\frac{\partial\Gamma(x,y)}{\partial\nu}\right] dS(y) \\
&= \int_\Omega \Gamma(x,y)f(y)dy - \int_{\partial\Omega} \left(\Gamma\frac{\partial u}{\partial\nu} - \varphi\frac{\partial\Gamma}{\partial\nu}\right).
\end{aligned}
$$

我们希望将 Poisson 方程的边值问题 (D) 的解借助于其已知数据表示出来. 从上面的公式, 问题就出在 $\dfrac{\partial u}{\partial\nu}$ 在边界 $\partial\Omega$ 上的值. 如果我们修改 Γ, 使得它在边界上为 0:

$$
G(x,y) \equiv \Gamma(x,y) + \Psi(x,y),
$$

这里 $\Psi(x,y)$ 满足

$$
\begin{cases} \Delta_y \Psi(x,y) = 0, & y \in \Omega, \\ \Psi(x,y) = -\Gamma(x,y), & y \in \partial\Omega. \end{cases}
$$

设 $u \in C^2(\Omega) \cap C^1(\overline{\Omega})$, 则

$$
u(x) = \int_\Omega G(x,y)f(y)dy + \int_{\partial\Omega} \varphi\frac{\partial G}{\partial\nu}. \tag{1.3}
$$

称 G 为 Laplace 算子 Δ 在区域 Ω 上的 Green 函数. Green 函数有如下性质:

(1) 对称性:

$$
G(x,y) = G(y,x), \quad x,y \in \Omega.
$$

证明 设 $x,y \in \Omega$, 取 $r > 0$ 使得 $B_r(x), B_r(y) \subset \Omega, B_r(x) \cap B_r(y) = \emptyset$. 令 $\Omega_r = \Omega \backslash \{B_r(x) \cup B_r(y)\}$. 记 $u(z) = G(x,z), v(z) = G(y,z)$. 在 Ω_r 上用 Green 公式得到:

$$
\int_{\partial B_r(x)} \left(u\frac{\partial v}{\partial\nu} - v\frac{\partial u}{\partial\nu}\right) + \int_{\partial B_r(y)} \left(u\frac{\partial v}{\partial\nu} - v\frac{\partial u}{\partial\nu}\right) = 0.
$$

注意到在 x 点 v 是光滑的, 在 y 点 u 是光滑的,

$$
\lim_{r\to 0} \int_{\partial B_r(x)} \left(u\frac{\partial v}{\partial\nu} - v\frac{\partial u}{\partial\nu}\right) = -v(x),
$$

$$
\lim_{r\to 0} \int_{\partial B_r(y)} \left(u\frac{\partial v}{\partial\nu} - v\frac{\partial u}{\partial\nu}\right) = u(y),
$$

即

$$u(x) = v(y).$$ □

(2) 对 $x \neq y$,

$$\Gamma(x, y) < G(x, y) < 0.$$

证明　设 $x \in \Omega$, 记 $u(z) = G(x, z)$. 由定义

$$\lim_{z \to x} u(z) = -\infty.$$

于是存在 $r > 0$ 使得 $u(z) < 0, \forall z \in B_r(x)$, 而 u 在 $\Omega \backslash B_r(x)$ 上调和, 由极值原理 $u(z) < 0, \forall z \in \Omega \backslash B_r(x)$. 另一方面, $\Psi(x, z)|_{\partial\Omega} = -\Gamma|_{\partial\Omega} > 0$, 且调和, 故

$$\Psi(x, z) > 0.$$

从而 $u(z) > \Gamma$. □

(3) 在球 $B_R(0)$ 上的 Green 函数:

$$G(x, y) = \begin{cases} \dfrac{1}{\omega_n(2-n)} \left(|x - y|^{2-n} - \left| \dfrac{R}{|x|} x - \dfrac{|x|}{R} y \right|^{2-n} \right), & n > 2, \\ \dfrac{1}{2\pi} \left(\log |x - y| - \log \left| \dfrac{R}{|x|} x - \dfrac{|x|}{R} y \right| \right), & n = 2. \end{cases}$$

证明　设 $x \in B_R(0), x \neq 0$, x 关于球面 ∂B_R 的反射点 $\overline{x}$ 定义为 $\overline{x} = \dfrac{R^2}{|x|^2} x$. 对任意的 $y \in \partial B_R$, 由于

$$\frac{|x|}{R} = \frac{R}{|\overline{x}|},$$

三角形 $\triangle Oxy \sim \triangle Oy\overline{x}$, 从而

$$\frac{|x|}{R} = \frac{R}{|\overline{x}|} = \frac{|y - x|}{|\overline{x} - y|}.$$

于是固定 $x \in B_R(0)$,

$$\Delta_y \left| \frac{|x|}{R} y - \frac{R}{|x|} x \right|^{2-n} = 0, \quad y \in B_R(0),$$

边界条件给出

$$\Psi(x, y) = \frac{-1}{\omega_n(2-n)} \left| \frac{|x|}{R} y - \frac{R}{|x|} x \right|^{2-n},$$

当 $x \to 0$ 时给出 $\Psi(0, y) = -\Gamma(R)$. □

(4)

$$\frac{\partial G(x,y)}{\partial \nu}=\frac{R^2-|x|^2}{\omega_n R|x-y|^n}\equiv K(x,y),\quad x\in B_R,\ y\in\partial B_R(0).$$

$$\int_{\partial B_R(0)}K(x,y)dS_R(y)=1.$$

证明 设 $x\in B_R(0), y\in\partial B_R(0)$,

$$G(x,y)=\frac{1}{\omega_n(2-n)}\left(|x-y|^{2-n}-\frac{|x|^{2-n}}{R^{2-n}}|y-\overline{x}|^{2-n}\right),$$

$$\begin{aligned}\frac{\partial G(x,y)}{\partial \nu}&=\frac{\partial G(x,y)}{\partial |y|}=\nabla_y G(x,y)\cdot\frac{y}{|y|}\\&=\frac{1}{\omega_n}\left(|y-x|^{-n}\frac{|y|^2-x\cdot y}{|y|}-|y-\overline{x}|^{-n}\frac{|x|^{-n}}{R^{-n}}\frac{|x|^2}{R^2}\frac{|y|^2-\overline{x}\cdot y}{|y|}\right)\\&=\frac{R^2-|x|^2}{\omega_n R}|y-x|^{-n}.\end{aligned}$$

如果 $u\in C^2(B_R)\cap C^1(\overline{B_R})$, 由 Poisson 方程解的表达式 (1.3), 取 $u\equiv 1$ 立即得到

$$\int_{\partial B_R}\frac{R^2-|x|^2}{\omega_n R}|y-x|^{-n}dS(y)=1.$$ □

(5) Poisson 积分公式:

假设 $\varphi\in C(\partial B_R(0))$,

$$u(x)=\begin{cases}\displaystyle\int_{\partial B_R(0)}K(x,y)\varphi(y)dS_R(y), & |x|<R,\\ \varphi(x), & |x|=R,\end{cases}$$

则 u 在 $B_R(0)$ 上调和, 在边界上等于 φ.

证明 由于 $G(x,y), \dfrac{\partial G(x,y)}{\partial\nu}$ 关于 x 调和, 因此 $u(x)$ 调和. 下面证明 u 在边界上连续: 设 $x_0\in\partial B_R, |\varphi|\leqslant M, \forall\varepsilon>0,\exists\delta>0$ 使得 $\max\limits_{|y-x_0|\leqslant\delta}|\varphi(y)-\varphi(x_0)|<\varepsilon$,

$$\begin{aligned}|u(x)-u(x_0)|&=\left|\int_{\partial B_R(0)}K(x,y)(\varphi(y)-\varphi(x_0))dS_R(y)\right|\\&\leqslant\int_{|y-x_0|\leqslant\delta}K(x,y)|\varphi(y)-\varphi(x_0)|dS_R(y)\\&\quad+\int_{|y-x_0|>\delta}K(x,y)|\varphi(y)-\varphi(x_0)|dS_R(y)\\&\leqslant\max_{|y-x_0|\leqslant\delta}|\varphi(y)-\varphi(x_0)|+\frac{2M(R^2-|x|^2)R^{n-2}}{(\delta/2)^n}\\&\leqslant C\varepsilon.\end{aligned}$$ □

基本解在一点具有奇性, 除此之外是调和的. 下面的定理告诉我们如果一个调和函数在一点的奇性比基本解弱, 那奇性是可去的.

定理 1.8 假设 u 在 $\Omega\backslash\{x_0\}$ 上调和, 且

$$u(x)=\begin{cases}o(\log|x-x_0|), & n=2,\\ o(|x-x_0|^{2-n}), & n\geqslant 3,\end{cases}\qquad |x-x_0|\to 0,$$

则 $u\in C^2(\Omega)$.

证明 设 $x_0=0, B_R(0)\subset\Omega$. 令 $w=u-v$, 这里 v 满足:

$$\begin{cases}\Delta v(x)=0, & x\in B_R(0),\\ v(x)=u(x), & x\in\partial B_R(0).\end{cases}$$

记 $M_r=\max\limits_{\partial B_r(0)}|w|$. 则由调和函数的极值原理 $\left(U(x)=M_r\dfrac{r^{n-2}}{|x|^{n-2}}\pm w\right)$,

$$|w|\leqslant M_r\frac{r^{n-2}}{|x|^{n-2}},\quad x\in B_R(0)\backslash B_r(0).$$

于是对固定的 x, 注意到

$$M_r\leqslant\max_{B_r(0)}|v|+\max_{B_r(0)}|u|\leqslant\max_{\partial B_R(0)}|u|+o(r^{2-n}),$$

$$|w(x)|\leqslant\left(\max_{\partial B_R(0)}|u|+o(r^{2-n})\right)\frac{r^{n-2}}{|x|^{n-2}}\to 0,\quad r\to 0.$$

因此 u 在 $x_0=0$ 有界, 从而连续. □

§1.3 极 值 原 理

由平均值性质我们前面已经知道调和函数的极值只能在边界达到, 这一节我们推广这一性质到下调和函数, 并应用下调和函数的极值原理给出调和函数的梯度估计和 Harnack 不等式的新的证明. 所用的方法更容易推广到一般椭圆型方程上去.

引理 1.1 假设 Ω 是有界区域, $u\in C^2(\Omega)\cap C(\overline{\Omega})$ 下调和定义为 $\Delta u(x)\geqslant 0, \forall x\in\Omega$. 则

$$\sup_{\Omega}u\leqslant\sup_{\partial\Omega}u.$$

证明 设 $\varepsilon > 0$, $u_\varepsilon(x) = u(x) + \varepsilon|x|^2$, 则

$$\Delta u_\varepsilon = \Delta u + 2n\varepsilon \geqslant 2n\varepsilon > 0,$$

u_ε 在内部不能取得极大值, 因此

$$\sup_\Omega u_\varepsilon \leqslant \sup_{\partial\Omega} u_\varepsilon,$$

$$\sup_\Omega u \leqslant \sup_{\partial\Omega} u + \varepsilon.$$

令 $\varepsilon \to 0$, 我们得到结论. □

引理 1.2 (Hopf 极值原理) 假设 $u \in C^2(B_1(0)) \cap C(\overline{B_1(0)})$ 下调和. 如果 $u(x) < u(x_0), \forall x \in B = B_1(0), x_0 \in \partial B$. 如果 $\dfrac{\partial u}{\partial \nu}(x_0)$ 存在, 则

$$\frac{\partial u}{\partial \nu}(x_0) > 0.$$

这里 ν 是外法向.

证明 令 $v(x) = e^{-a|x|^2} - e^{-a}$, $a \geqslant 2n+1$, 则

$$\Delta v = e^{-a|x|^2}\left(-2an + 4a^2|x|^2\right) \geqslant 0, \quad \forall |x| > \frac{1}{2}.$$

置 $A = B\backslash B_{1/2}$, 且定义

$$h_\varepsilon(x) = u(x) - u(x_0) + \varepsilon v(x), \quad \varepsilon > 0.$$

则 $h_\varepsilon(x_0) = 0$,

$$\Delta h_\varepsilon(x) \geqslant 0, \quad \forall x \in A,$$

且在 A 的边界上

$$h_\varepsilon(x) \leqslant 0, \forall x \in \partial B;$$

如果 ε 足够小, $\varepsilon \leqslant \dfrac{\inf_{|x|=\frac{1}{2}}(u(x_0) - u(x))}{e^{-\frac{a}{4}} - e^{-a}}$,

$$h_\varepsilon(x) < 0, \forall x \in \partial B_{1/2}.$$

于是由下调和函数的极值原理, $h_\varepsilon(x_0) = 0 = \max\limits_A h_\varepsilon$.

$$\frac{\partial h_\varepsilon(x_0)}{\partial \nu} = \lim_{t\to 0^+} \frac{h_\varepsilon(x_0 - tx_0) - h_\varepsilon(x_0)}{-t} \geqslant 0.$$

因此

$$\frac{\partial u}{\partial \nu}(x_0) \geqslant -\varepsilon \frac{\partial v}{\partial \nu}(x_0) = 2a\varepsilon e^{-a}.$$

□

定理 1.9 (强极值原理) 假设 $u \in C^2(\Omega)$ 下调和: $\Delta u(x) \geqslant 0, \forall x \in \Omega$. 如果 u 在内部取得极大值, 则 u 必是常数.

证明 不妨设 $M = \sup\limits_{\Omega} u < \infty$. 记

$$\Sigma = \{x \in \Omega : u(x) = M\}.$$

如果 $\Sigma \neq \emptyset$, 且假设 u 不是常数, 则 $\Omega \backslash \Sigma$ 是开集, 存在球 $B \subset \Omega \backslash \Sigma$ 和 $x_0 \in \partial B \cap \Sigma$. 这样 $u(x) < u(x_0), \forall x \in B, u(x_0) = M$. 由 Hopf 极值原理, $\dfrac{\partial u}{\partial \nu}(x_0) > 0$, 这里 ν 是 x_0 处 B 的外法线方向. 现在 $x_0 \in \Omega$, 有 $\nabla u(x_0) = 0$. 矛盾! □

强极值原理立即隐含着一个全局估计, 即弱极值原理.

定理 1.10 (弱极值原理) 假设区域 Ω 有界, $u \in C^2(\Omega) \cap C(\overline{\Omega})$ 在 Ω 下调和: $\Delta u(x) \geqslant 0, \forall x \in \Omega$. 则

$$\sup_{\Omega} u = \sup_{\partial\Omega} u.$$

推论 1.2 假设区域 Ω 有界, $u, v \in C^2(\Omega) \cap C(\overline{\Omega})$. 在 Ω 上, u 下调和: $\Delta u(x) \geqslant 0, \forall x \in \Omega$; v 上调和: $\Delta v(x) \leqslant 0, \forall x \in \Omega$, 且 $u(x) \leqslant v(x), x \in \partial\Omega$. 则在 Ω 上 $u(x) < v(x)$ 或者 $u(x) \equiv v(x)$.

应用下调和函数的极值原理我们导出调和函数的梯度估计和 Harnack 不等式.

定理 1.11 假设 $u \in C(\overline{\Omega})$ 在 Ω 中调和, 则对任意紧集 $K \subset \Omega$,

$$\sup_{K} |Du| \leqslant \frac{c(n)}{\operatorname{dist}(K, \partial\Omega)} \sup_{\partial\Omega} |u|.$$

证明 $\forall x \in K$, 梯度估计隐含着, 记 $d_x = \operatorname{dist}(x, \partial\Omega)$,

$$|Du(x)| \leqslant \frac{n}{d_x} \max_{B_{d_x}(x)} |u| \leqslant \frac{n}{d_x} \sup_{\partial\Omega} |u| \leqslant \frac{n}{\operatorname{dist}(K, \partial\Omega)} \sup_{\partial\Omega} |u|,$$

即

$$\sup_{K} |Du| \leqslant \frac{n}{\operatorname{dist}(K, \partial\Omega)} \sup_{\partial\Omega} |u|.$$

另法 由于 u 调和,

$$\Delta|\nabla u|^2 = 2\partial_j(\partial_i u \partial_{ij} u) = 2|\nabla^2 u|^2 \geqslant 0, \quad \Delta(u^2) = 2|\nabla u|^2,$$

对任意的 $\varphi \in C_0^\infty(\Omega), 0 \leqslant \varphi \leqslant 1$, 存在绝对常数 $c > 0$ 使得

$$\Delta(\varphi^2 |\nabla u|^2) \geqslant -c(|\nabla\varphi|^2 + |\Delta\varphi|)|\nabla u|^2.$$

于是取充分大的数 $C = 2c\max\limits_{\Omega}(|\nabla\varphi|^2 + |\Delta\varphi|)$,

$$\Delta(\varphi^2|\nabla u|^2 + Cu^2) \geqslant \left[C - c(|\nabla\varphi|^2 + |\Delta\varphi|)\right]|\nabla u|^2 \geqslant 0.$$

$$\sup_{\Omega}(\varphi^2|\nabla u|^2 + Cu^2) \leqslant C\sup_{\partial\Omega}(u^2),$$

即

$$\sup_{\Omega}\varphi^2|\nabla u|^2 \leqslant 2c\max_{\Omega}(|\nabla\varphi|^2 + |\Delta\varphi|)\sup_{\partial\Omega}(u^2). \qquad \square$$

定理 1.12 假设 $u > 0$ 是在 Ω 中的调和函数, 则对任意紧集 $K \subset \Omega$,

$$\sup_{K}|D\log u| \leqslant \frac{c(n)}{\mathrm{dist}\,(K, \partial\Omega)}.$$

进一步,

$$u(x) \leqslant u(y)e^{\frac{c(n)\mathrm{diam}\,K}{\mathrm{dist}\,(K,\partial\Omega)}}, \quad \forall x, y \in K.$$

证明 令 $v = \log u$, 则

$$\Delta v = -|Dv|^2.$$

记 $w = |Dv|^2$, 则

$$\Delta w + 2\partial_i v\partial_i w = 2\sum_{ij}(\partial_{ij}v)^2 \geqslant 2\sum_{i}(\partial_{ii}v)^2 \geqslant 2\frac{(\Delta v)^2}{n} = 2\frac{w^2}{n}.$$

取 $\eta \in C_0^\infty(\Omega), 0 \leqslant \eta \leqslant 1$, 则

$$\begin{aligned}
\Delta(\eta^4 w) &= 2\partial_i w\partial_i\eta^4 + \eta^4\Delta w + w\Delta\eta^4 \\
&= 8[\partial_i(w\eta^4) - w\partial_i\eta^4]\frac{\partial_i\eta}{\eta} + \eta^4\left(2\sum_{ij}(\partial_{ij}v)^2 - 2\partial_i v\partial_i w\right) + w\Delta\eta^4 \\
&\geqslant 8[\partial_i(w\eta^4) - w\partial_i\eta^4]\frac{\partial_i\eta}{\eta} + \eta^4\left(\frac{2}{n}w^2 - 2\partial_i v\partial_i w\right) + w\Delta\eta^4 \\
&\geqslant 8[\partial_i(w\eta^4) - w\partial_i\eta^4]\frac{\partial_i\eta}{\eta} - 2\partial_i v[\partial_i(w\eta^4) - w\partial_i\eta^4] + 2\eta^4\frac{w^2}{n} + w\Delta\eta^4 \\
&\geqslant 8\partial_i(w\eta^4)\frac{\partial_i\eta}{\eta} - 2\partial_i v\partial_i(w\eta^4) + \eta^4\frac{w^2}{n} - c(|\nabla\eta|^4 + |\Delta\eta|^2).
\end{aligned}$$

如果 $\eta^4 w$ 在 $x_0 \in \Omega$ 取得极大, 则由于可以取 $\eta \in C_0^\infty(\Omega)$ 使得 $\dfrac{|\nabla\eta|}{\eta}$ 有界, 我们得到

$$\eta^4 w^2(x_0) \leqslant c(n)\max_{\Omega}(|\nabla\eta|^4 + |\Delta\eta|^2).$$

即

$$\sup_{K}|D\log u| \leqslant \frac{c(n)}{\mathrm{dist}\,(K, \partial\Omega)}.$$

由于

$$\log u(x)-\log u(y)=\int_0^1 D\log u(\theta x+(1-\theta)y)(x-y)d\theta\leqslant\frac{c(n)}{\operatorname{dist}(K,\partial\Omega)}|x-y|,$$

即

$$u(x)\leqslant u(y)e^{\frac{c(n)\operatorname{diam}K}{\operatorname{dist}(K,\partial\Omega)}}.\qquad\square$$

下面的定理联系着调和函数在边界上的连续性, 其边界连续性问题的一般结论见下节.

定理 1.13　假设 $u\in C(\overline{B})$ 调和, $u|_{\partial B}=\varphi$. 如果 $\varphi\in C^\alpha(\partial B),\alpha\in(0,1)$, 则 $u\in C^{\frac{\alpha}{2}}(\overline{B})$,

$$\|u\|_{C^{\frac{\alpha}{2}}(\overline{B})}\leqslant c\|\varphi\|_{C^\alpha(\partial B)}.$$

证明　由极值原理,

$$\inf_{\partial B}\varphi\leqslant u(x)\leqslant\sup_{\partial B}\varphi,\quad\forall x\in B,$$

且

$$\sup_B\frac{|u(x)-u(x_0)|}{|x-x_0|^{\frac{\alpha}{2}}}\leqslant 2^{\frac{\alpha}{2}}\sup_{\partial B}\frac{|\varphi(x)-\varphi(x_0)|}{|x-x_0|^\alpha},\quad\forall x_0\in\partial B.$$

事实上, 假设 $x_0\in\partial B$, $K=\sup_{\partial B}\dfrac{|\varphi(x)-\varphi(x_0)|}{|x-x_0|^\alpha}$, 即

$$|\varphi(x)-\varphi(x_0)|\leqslant K|x-x_0|^\alpha=K\left(2\left(1-\sum_{i=1}^n x_ix_{i0}\right)\right)^{\frac{\alpha}{2}},\quad\forall x\in\partial B.$$

令

$$v(x)=K\cdot 2^{\frac{\alpha}{2}}\left(1-\sum_{i=1}^n x_ix_{i0}\right)^{\frac{\alpha}{2}},\quad x\in B.$$

则

$$\Delta v(x)=\frac{K}{4}\alpha(\alpha-2)2^{\frac{\alpha}{2}}\left(1-\sum_{i=1}^n x_ix_{i0}\right)^{\frac{\alpha}{2}-2}\leqslant 0,\quad\forall x\in B.$$

于是

$$\Delta(\pm(u(x)-u(x_0))-v(x))=-\Delta v\geqslant 0,\quad\forall x\in B,$$

下调和函数的极值原理隐含着

$$\begin{aligned}\sup_B(\pm(u(x)-u(x_0))-v(x))&\leqslant\sup_{\partial B}(\pm(u(x)-u(x_0))-v(x))\\&\leqslant\sup_{\partial B}(\pm(\varphi(x)-\varphi(x_0))-|\varphi(x)-\varphi(x_0)|)\leqslant 0,\end{aligned}$$

即

$$|u(x)-u(x_0)| \leqslant v(x) = K \cdot 2^{\frac{\alpha}{2}} \left(1-\sum_{i=1}^{n} x_i x_{i0}\right)^{\frac{\alpha}{2}}$$
$$\leqslant 2^{\frac{\alpha}{2}} K|x-x_0|^{\frac{\alpha}{2}}, \quad \forall x \in B.$$

这里最后的不等式利用了

$$1 - x\cdot x_0 = x_0\cdot(x_0 - x) \leqslant |x-x_0|.$$

对任意的 $x, y \in B$, 设

$$d_x = \operatorname{dist}(x, \partial B) = |x-x_0'|, \quad d_y = \operatorname{dist}(y, \partial B) = |y-y_0'|,\ x_0', y_0' \in \partial B.$$

不妨设 $d_y \leqslant d_x$. 假设 $|x-y| \leqslant \dfrac{d_x}{2}$. 则 $y \in \overline{B_{\frac{d_x}{2}}(x)} \subset B_{d_x}(x) \subset B$. 应用梯度估计定理 1.11 于 $u(y)-u(x_0'), \forall y \in B_{d_x/2}(x)$:

$$\begin{aligned}
|u(x)-u(y)| &\leqslant c(n)|x-y| \sup_{B_{d_x/2}} |Du(y)| \\
&\leqslant c(n)\frac{|x-y|}{d_x} \sup_{\partial B_{d_x}} |u(y)-u(x_0')| \\
&= c(n)\frac{|x-y|}{d_x} |z-x_0'|^{\frac{\alpha}{2}} \frac{|u(z)-u(x_0')|}{|z-x_0'|^{\frac{\alpha}{2}}} \\
&\leqslant c(n)2^{\alpha/2}\frac{|x-y|}{d_x^{1-\frac{\alpha}{2}}}[\varphi]_{C^\alpha(\partial B)} \\
&\leqslant c(n)|x-y|^{\frac{\alpha}{2}}[\varphi]_{C^\alpha(\partial B)}.
\end{aligned}$$

这里假设 $|u(z)-u(x_0')| = \sup\limits_{\partial B_{d_x}(x)} |u(y)-u(x_0')|$, 且 $|z-x_0'| \leqslant |z-x|+|x-x_0'| = 2d_x$.

如果 $d_y \leqslant d_x \leqslant 2|x-y|$, 则自然有

$$\begin{aligned}
|u(x)-u(y)| &\leqslant |u(x)-u(x_0')| + |u(x_0')-u(y_0')| + |u(y_0')-u(y)| \\
&\leqslant c(d_x^{\alpha/2} + |x_0'-y_0'|^\alpha + d_y^{\alpha/2})[\varphi]_{C^\alpha(\partial B)} \\
&\leqslant c|x-y|^{\frac{\alpha}{2}}[\varphi]_{C^\alpha(\partial B)}.
\end{aligned}$$

一般地,

$$[u]_{C^{\frac{\alpha}{2}}(\overline{B_R})} \leqslant c(n)R^{\frac{\alpha}{2}}[\varphi]_{C^\alpha(\partial B_R)}.$$

□

§1.4 Perron 方法和正则边界点

这一节我们给出调和函数在有界区域上的 Dirichlet 问题经典解的存在性定理. 首先我们推广 C^2 下 (上) 调和函数的概念到 C^0 下 (上) 调和函数.

定义 1.2 $u \in C^0(\Omega)$ 称为**下调和函数**, 如果对任意球 $B \subset\subset \Omega$ 和每个连续函数 h: 在 B 中调和, 在边界 ∂B 上满足 $u \leqslant h$, 都有 $u(x) \leqslant h(x), x \in B$. 类似地定义 C^0 上调和函数.

注意到定义中 h 的存在性由 Poisson 积分给出. C^2 下调和函数显然是 C^0 下调和. C^0 下调和函数有下面的性质:

定理 1.14 (1) 设 $u \in C^0(\Omega)$ 是下调和函数, 如果 u 在内部取得极大值, 则 u 是常数, 即强极值原理成立. 进而, 如果 Ω 有界, $u \in C^0(\overline{\Omega})$ 下调和, 则

$$\sup_{\Omega} u = \sup_{\partial\Omega} u.$$

(2) 设 $u \in C^0(\Omega)$ 是下调和函数, 球 $B \subset\subset \Omega$, $\overline{u}$ 为 Poisson 积分表示的 B 中调和、边界为 u 的调和函数, 定义

$$U(x) = \begin{cases} \overline{u}(x), & x \in B, \\ u(x), & x \in \Omega \backslash B, \end{cases}$$

称为 u 的调和提升. 则 U 是 C^0 下调和函数.

(3) 设 $u, v \in C^0(\Omega)$ 是下调和函数, 则 $w(x) = \max(u(x), v(x))$ 是 C^0 下调和函数.

证明 (1) 设 $u(x_0) = \max\limits_{\Omega} u(x) = M, x_0 \in \Omega$, 如果 $u \not\equiv M$, 存在球 $B(x_0) \subset \Omega$ 使得 $u(x) \not\equiv M, x \in \partial B$. 设 $\overline{u}$ 是 B 中调和、边界为 u 的调和函数, 则

$$M \geqslant \sup_{\partial B} \overline{u} \geqslant \overline{u}(x_0) \geqslant u(x_0) = M.$$

于是 $\overline{u} \equiv M, x \in B$, 这与 $u(x) = \overline{u}(x) \not\equiv M, x \in \partial B$ 矛盾!

(2) 由于 u 是 C^0 下调和, 在 B 上, $u(x) \leqslant \overline{u}(x), x \in B$, 因此 $u \leqslant U$. 即调和提升! 设 $B' \subset\subset \Omega$ 是任意球, h 在 B' 中调和, 在边界 $\partial B'$ 上 $h \geqslant U$. 我们要证明 $U(x) \leqslant h(x), x \in B'$. 事实上, 由于 u 是 C^0 下调和函数, 在边界 $\partial B'$ 上, $h \geqslant U \geqslant u$, 因此 $u(x) \leqslant h(x), x \in B'$. 特别地,

$$u(x) = U(x) \leqslant h(x), \quad x \in B' \backslash B.$$

在 $B' \cap B$ 上, U, h 都是调和函数, 由极值原理, $U \leqslant h$.

(3) 对任意球 $B \subset\subset \Omega$, 设 h 在 B 中调和, 在边界 ∂B 上 $w \leqslant h$. 则由于 $u(x), v(x) \leqslant w \leqslant h(x), x \in \partial B$, 因此 $u(x), v(x) \leqslant h(x), x \in B$, 从而 $w(x) \leqslant h(x), x \in B$. □

设 Ω 是有界区域, φ 是 $\partial\Omega$ 上的有界函数, 记

$$S_\varphi = \left\{ v \in C(\overline{\Omega}) : v \text{ 是 } C^0 \text{ 下调和函数}, v|_{\partial\Omega} \leqslant \varphi \right\}.$$

称 S_φ 为 φ 下调和函数集. 从 S_φ 得到调和函数的 Perron 方法是下面的定理.

定理 1.15 函数 $u(x) = \sup\limits_{v \in S_\varphi} v(x)$ 是 Ω 上的调和函数.

证明 因为常数是 C^0 下调和, 当 $v \in S_\varphi$ 时, $\max(v, \inf\limits_{\partial\Omega} \varphi) \in S_\varphi$ 且由弱极值原理,

$$\inf_{\partial\Omega} \varphi \leqslant \max(v, \inf_{\partial\Omega} \varphi) \leqslant \sup_{\partial\Omega} \varphi,$$

故 $u(x)$ 存在. $\forall y \in \Omega$, 存在有界函数列 $\{v_k\}_{k=1}^\infty \subset S_\varphi$ 使得 $v_k(y) \to u(y)$. 令 V_k 是 v_k 在 $B_r(y)$ 上的调和提升. 则由调和函数的梯度估计, 存在一个子列 V_{k_j} 使得 V_{k_j} 在 $B_r(y)$ 上内闭一致收敛到调和函数 v, $v(x) \leqslant u(x), x \in B_r(y)$, 且 $v(y) = u(y)$. 如果存在 $z \in B_r(y)$ 使得 $v(z) < u(z)$, 则存在 $\overline{u} \in S_\varphi$ 使得 $v(z) < \overline{u}(z)$. 令 $w_j = \max(V_{k_j}, \overline{u})$, W_j 是 w_j 在 $B_r(y)$ 的调和提升, 则存在子列内闭一致收敛到调和函数 w, 且 $v(x) \leqslant w(x) \leqslant u(x), x \in B_r(y), v(y) = w(y) = u(y)$. 由极大值原理, $w - v$ 在内部取得极大值必为常数, 即 $v = w$. 但 $v(z) = w(z) = \lim w_j(z) \geqslant \overline{u}(z)$ 矛盾! 因此 $u = v$. □

Perron 方法虽然提供了调和函数的存在性, 但没有对其边界性质提供任何信息. Poincaré 使用闸函数研究调和函数的边界性质, 闸函数的概念最早由 Lebesgue 引进.

定义 1.3 设 $x_0 \in \partial\Omega$, $w \in C^0(\overline{\Omega})$ 满足: (1) w 在 Ω 上 C^0 上调和; (2) $w(x) > 0, x \in \overline{\Omega} \backslash \{x_0\}, w(x_0) = 0$. 称 w 为 x_0 点的闸函数. 如果在边界点 x_0 处存在闸函数, 称 x_0 为正则点.

注意到闸函数虽然是整体定义在 $\overline{\Omega}$ 上, 但其实只要局部定义在 x_0 附近即可: 设 $\widetilde{w}$ 在 x_0 的一个邻域 $\mathcal{N} \cap \Omega$ 上满足闸函数的定义, 则对任意包含 x_0 的球 $B \subset\subset \mathcal{N}$, $m = \inf\limits_{\mathcal{N} \backslash B} \widetilde{w} > 0$, 定义

$$w = \begin{cases} \min(m, \widetilde{w}(x)), & x \in \overline{\Omega} \cap B, \\ m, & x \in \overline{\Omega} \backslash B \end{cases}$$

是闸函数.

闸函数与边界性质由下面的引理联系着.

引理 1.3 设 u 是由 Perron 方法得到的调和函数. 如果 $x_0 \in \partial\Omega$ 是正则点, φ 在 x_0 处连续, 则 $x \to x_0$ 时, $u(x) \to \varphi(x_0)$.

证明 kw 是 C^0 上调和函数, 这里 $k > 0$ 是常数, w 是 x_0 处的闸函数. $\forall\varepsilon > 0, \exists\delta > 0$ 使得 $|\varphi(x) - \varphi(x_0)| < \varepsilon, \forall|x - x_0| < \delta$. $\exists k > 0$ 使得 $kw(x) \geqslant 2\sup|\varphi|, \forall|x - x_0| \geqslant \delta$. 在边界 $\partial\Omega$ 上, $kw(x) + \varphi(x_0) + \varepsilon \geqslant \varphi \geqslant \varphi(x_0) - \varepsilon - kw$, 于是

$$kw(x) + \varphi(x_0) + \varepsilon \geqslant u(x) \geqslant \varphi(x_0) - \varepsilon - kw, \quad x \in \Omega.$$

令 $x \to x_0$, $u(x) \to \varphi(x_0)$. □

定理 1.16 调和函数的 Dirichlet 问题对任何连续边值条件可解的充要条件是边界点都是正则点.

证明 假设 Dirichlet 问题对连续边值可解, 设 $x_0 \in \partial\Omega, \varphi(x) = |x - x_0|$ 在 $\partial\Omega$ 连续, 则 Dirichlet 问题以 φ 为边界条件的解 u 是闸函数: 由于 $\Delta|x - x_0| \geqslant 0$ 下调和, 故 $u(x) \geqslant |x - x_0|, \forall x \in \Omega$. 因此 x_0 是正则点. □

正则点是边界的几何结构决定的, 即闸函数的存在依赖于边界的几何.

定义 1.4 设 $x_0 \in \partial\Omega$, 如果存在球 B 使得 $x_0 \in \partial B$ 而且 $B \subset \Omega$, 则称 Ω 在 x_0 处满足内球条件. 如果 $B \cap \Omega = \emptyset$, $x_0 \in \partial B \cap \partial\Omega$, 则称 Ω 在 x_0 处满足外球条件. 如果对任意的 $x_0 \in \partial\Omega$, 存在共同的 $R > 0$ (与 x_0 无关) 和 $y(x_0)$ 使得 $B_R(y) \cap \Omega = \emptyset$, $x_0 \in \partial B_R(y) \cap \partial\Omega$, 则称 Ω 满足一致外球条件. 类似地, 定义一致内球条件.

例 1.1 Poincaré 准则: 如果 Ω 满足外球条件, 则边界点是正则点.

设 $x_0 \in \partial\Omega$, 存在球 $B_R(y)$ 使得 $\overline{B_R}(y) \cap \overline{\Omega} = \{x_0\}$, 定义闸函数

$$w(x) = \begin{cases} R^{2-n} - |x - y|^{2-n}, & n \geqslant 3, \\ \log \dfrac{|x - y|}{R}, & n = 2. \end{cases}$$

w 调和满足闸函数条件.

例 1.2 Lebesgue: 设 $0 < x < 1$,

$$\begin{aligned} u(x, y, z) &= \int_0^1 \frac{tdt}{\sqrt{(t - x)^2 + y^2 + z^2}} \\ &= \sqrt{(1 - x)^2 + y^2 + z^2} - \sqrt{x^2 + y^2 + z^2} - x\log(y^2 + z^2) \end{aligned}$$

$$+x\log|(1-x+\sqrt{(1-x)^2+y^2+z^2})(x+\sqrt{x^2+y^2+z^2})|.$$

对任意常数 $c>0$, 定义 u 的等势面 $\Sigma=\{(x,y,z):u(x,y,z)=1+c\}$. 易知原点 $(0,0,0)\in\Sigma$, 于是 $u(x,y,z)$ 在 Σ 的外域调和且在 Σ 上取边值 $1+c$. 而当空间中的点 (x,y,z) 沿着曲面 $y^2+z^2=e^{-\tau/x}$ $(\tau>0,x>0)$ 趋于原点时, $u(x,y,z)\to 1+\tau$. 因此原点是非正则边界点. 其实 Σ 在原点附近形成一个朝内的、尖点在原点的 "尖面" (cusp).

§1.5 Wiener 准则

设 Ω 是 $\mathbb{R}^n$ $(n\geqslant 3)$ 中有界区域, 为了研究 Ω 的边界正则点, 我们将引入 "容量" 的概念, 并用区域位势和变分方法来定义容量. 最终给出正则点的 Wiener 判别准则.

引理 1.4 设 Ω 是 $\mathbb{R}^n$ 中有界区域, 设 Ω' 是 Ω 的外围区域, 则调和函数的 Dirichlet 外问题

$$\begin{cases}\Delta u(x)=0, & x\in\Omega',\\ u|_{\partial\Omega'}=1, & \lim\limits_{x\to\infty}u(x)=0\end{cases}$$

有唯一解. 我们称 u 是 Ω 的**区域位势函数**, 简称区域位势.

证明 首先假设区域 Ω 是光滑的. 取 R 足够大, 使 $\Omega\subset B_R(0)$, 记 $\Omega_R=\Omega'\cap B_R(0)$. 由 Perron 方法及边界的正则性, 调和函数的 Dirichlet 边界问题

$$\begin{cases}\Delta u=0, & x\in\Omega_R,\\ u|_{\partial\Omega}=1, & u|_{\partial B_R(0)}=0\end{cases}$$

有唯一解 $u_R(x)$. 设 $R'>R$, 调和函数的极值原理隐含着 $u_{R'}(x)>u_R(x),x\in\Omega_R$. 即 $\{u_R(x)\}$ 关于 R 单调上升. 设 $\lim\limits_{R\to\infty}u_R(x)=u(x)$, 则 u 在 Ω' 中调和, 且 $u|_{\partial\Omega'}=1$, $\lim\limits_{|x|\to\infty}u(x)=0$. 极值原理隐含着 $u(x)$ 是唯一的.

其次, 对一般的区域 Ω, 采用光滑逼近: 设 $\{\Omega_k\}$ 是一列光滑区域, 满足

$$\Omega\subset\Omega_{k+1}\subset\Omega_k,\quad \forall x\in\Omega',\exists N, x\in\bigcap_{k\geqslant N}\Omega_k.$$

于是存在调和函数列 $\{u_k\}$, 满足 $u_{k+1}(x)<u_k(x),x\in\Omega_k'$, 这里 Ω_k' 是 Ω_k 的余集. 设 $u(x)=\lim\limits_{k\to\infty}u_k(x)$, 则 $u(x)$ 在 Ω' 上调和, 且 $\lim\limits_{x\to\infty}u(x)=0$.

最后, 我们容易看到极限函数 u 与区域逼近序列的选取无关, 且对于 $q\in\partial\Omega$, 如果 q 是 Ω' 的正则点, 则 $u(q)=1$. 对于 Ω' 非正则的边界点 q, 我们直接定义 $u(q)=1$. □

定义 1.5　设 Ω 的区域位势是 v, Σ 是包含 Ω 的任意光滑闭曲面, 定义容量

$$\mathrm{Cap}(\Omega)=\frac{1}{(2-n)\omega_n}\int_\Sigma\frac{\partial v}{\partial\nu}dS,\quad \nu \text{ 是 } \Sigma \text{ 的外法向}. \tag{1.4}$$

由 Green 公式, 这个定义是合理的: 与 Σ 的选取无关.

我们给出容量的一个等价定义: 设

$$K=K(\Omega)=\left\{v\in C_0^1(\mathbb{R}^n):v(x)=1,x\in\Omega\right\},$$

定义容量的变分形式:

定义 1.6　设 Ω 是有界区域, 定义 Ω 的变分容量

$$\mathrm{Cap}_2(\Omega)=\inf_{v\in K}\frac{1}{(n-2)\omega_n}\int_{\mathbb{R}^n}|\nabla v|^2dx. \tag{1.5}$$

引理 1.5　(1) 设 Ω 是 $\mathbb{R}^n$ 中的有界区域, v 是 Ω 的区域位势, $\forall x_0\in\Omega'$, 定义

$$d_1(x_0)=\inf_{x\in\overline{\Omega}}|x-x_0|=\mathrm{dist}\,(x_0,\Omega),\quad d_2(x_0)=\sup_{x\in\overline{\Omega}}|x-x_0|,$$

则成立

$$\frac{\mathrm{Cap}(\Omega)}{d_2^{n-2}}\leqslant v(x_0)\leqslant\frac{\mathrm{Cap}(\Omega)}{d_1^{n-2}}. \tag{1.6}$$

(2) 容量的等价性:

$$\mathrm{Cap}(\Omega)=\mathrm{Cap}_2(\Omega).$$

(3) 设 $\lambda>0$, 则 $\mathrm{Cap}(\lambda\Omega)=\lambda^{n-2}\mathrm{Cap}(\Omega)$.

(4) 容量具有外测度性质. 单调性: $\Omega_1\subset\Omega_2$, 则 $\mathrm{Cap}(\Omega_1)\leqslant\mathrm{Cap}(\Omega_2)$; 次可加性: $\mathrm{Cap}(\Omega_1\cup\Omega_2)\leqslant\mathrm{Cap}(\Omega_1)+\mathrm{Cap}(\Omega_2)$.

证明　(1) 设 Ω 是有界光滑区域. 取 R 充分大, 使 $\Omega\subset B_R(x_0)$. 在球面 ∂B_R 与区域边界 $\partial\Omega$ 围成的区域内, v 是调和函数, 且在内边界 $\partial\Omega$ 取值是 1. 由 Green 公式得

$$\begin{aligned}v(x_0)&=\int_{\partial B_R(x_0)}\left(v\frac{\partial\Gamma}{\partial\nu}-\Gamma(x-x_0)\frac{\partial v}{\partial\nu}\right)+\int_{\partial\Omega}\left(v\frac{\partial\Gamma}{\partial\nu}-\Gamma(x-x_0)\frac{\partial v}{\partial\nu}\right)\\&=I_1+I_2+I_3+I_4,\end{aligned}$$

在 $\partial B_R(x_0)$ 上 ν 是外法向, 在 $\partial\Omega$ 上 ν 是内法向.

$$I_1=\int_{\partial B_R(x_0)}v\frac{\partial\Gamma}{\partial\nu}dS=⨍_{\partial B_R(x_0)}v\to0\quad(R\to\infty),$$

$$I_2=\int_{\partial B_R(x_0)}-\Gamma(x-x_0)\frac{\partial v}{\partial\nu}dS=-\frac{\operatorname{Cap}(\Omega)}{R^{n-2}}\to 0\quad(R\to\infty).$$

$v(x)$ 在内边界上取值为 1,

$$I_3=\int_{\partial\Omega}v(x)\frac{\partial\Gamma}{\partial\nu}dS=\int_{\partial\Omega}\frac{\partial\Gamma}{\partial\nu}dS=0,$$

由于 x_0 在区域 Ω 外, 则 $\Gamma(x-x_0)$ 在区域 Ω 内调和, 无奇点, 所以上式等于 0.

$$I_4=\int_{\partial\Omega}-\Gamma(x-x_0)\frac{\partial v}{\partial\nu}dS=\int_{\partial\Omega}-\frac{1}{(2-n)\omega_n}\frac{1}{|x-x_0|^{n-2}}\frac{\partial v}{\partial\nu}dS,$$

其中

$$-\frac{1}{(2-n)\omega_n}\int_{\partial\Omega}\frac{\partial v}{\partial\nu}dS=\operatorname{Cap}(\Omega)\geqslant 0.$$

因此

$$\frac{\operatorname{Cap}(\Omega)}{d_2^{n-2}}\leqslant\int_{\partial\Omega}-\Gamma(x-x_0)\frac{\partial v}{\partial\nu}ds\leqslant\frac{\operatorname{Cap}(\Omega)}{d_1^{n-2}}.$$

即当 $R\to\infty$ 时, 得到

$$\frac{\operatorname{Cap}(\Omega)}{d_2^{n-2}}\leqslant v(x_0)\leqslant\frac{\operatorname{Cap}(\Omega)}{d_1^{n-2}}.$$

当 Ω 边界非光滑时, 可以通过逼近得到结论.

(2) 设 Ω 是光滑区域, u 是 Ω 的区域位势. 定义

$$\widetilde{u}(x)=\begin{cases}u(x), & x\in\Omega',\\ 1, & x\in\overline{\Omega}.\end{cases}$$

设 R 充分大使 $\Omega\subset B_R(x_0)$, 取截断函数 $\xi\in C_0^\infty(B_{2R}(x_0)), 0\leqslant\xi\leqslant 1, \xi(x)=1, \forall x\in B_R(x_0), |\nabla\xi|\leqslant\dfrac{2}{R}$. 磨光 $\widetilde{u}\xi$ 使得 $\widetilde{u}\xi*j_\varepsilon\in K_\varepsilon=\{w\in C_0^1(\mathbb{R}^n):w(x)=1, x\in\Omega_\varepsilon\}$, 这里 $\Omega_\varepsilon=\{x\in\Omega:\operatorname{dist}(x,\partial\Omega)>\varepsilon\}$. 则

$$\frac{1}{(n-2)\omega_n}\int_{\mathbb{R}^n}|\nabla(\widetilde{u}\xi*j_\varepsilon)|^2\geqslant\operatorname{Cap}_2(\Omega_\varepsilon).$$

从而令 $\varepsilon\to 0$,

$$\frac{1}{(n-2)\omega_n}\int_{\mathbb{R}^n}|\nabla(\widetilde{u}\xi)|^2\geqslant\operatorname{Cap}_2(\Omega).$$

利用 (1.6), $|u(x)|\leqslant\dfrac{C}{|x|^{n-2}}, \forall|x|\gg 1$, 我们容易证明

$$\lim_{R\to\infty}\int_{\mathbb{R}^n}|\nabla(\widetilde{u}\xi)|^2=\int_{\mathbb{R}^n\setminus\Omega}|\nabla u|^2=-\int_{\partial\Omega}\frac{\partial u}{\partial\nu}dS,$$

即

$$\mathrm{Cap}(\Omega) \geqslant \mathrm{Cap}_2(\Omega).$$

反之, 我们取 u 是 Ω 的区域位势, 对任意的 $v \in K$, 由于 Ω 是光滑的, $u(x) = v(x) = 1, x \in \partial\Omega$,

$$\int_{\mathbb{R}^n\setminus\Omega} \nabla(v-u)\cdot\nabla u = \int_{\partial\Omega}(v-u)\frac{\partial u}{\partial\nu} - \int_{\mathbb{R}^n\setminus\Omega}(v-u)\Delta u = 0.$$

$$\begin{aligned}\int_{\mathbb{R}^n} |\nabla v|^2 = \int_{\mathbb{R}^n\setminus\Omega} |\nabla v|^2 &= \int_{\mathbb{R}^n\setminus\Omega} |\nabla(v-u)+\nabla u|^2 \\ &= \int_{\mathbb{R}^n\setminus\Omega} |\nabla(v-u)|^2 + |\nabla u|^2 + 2\nabla(v-u)\cdot\nabla u \\ &\geqslant \int_{\mathbb{R}^n\setminus\Omega} |\nabla u|^2,\end{aligned}$$

即

$$\mathrm{Cap}(\Omega) \leqslant \mathrm{Cap}_2(\Omega).$$

对非光滑的区域, 采用光滑逼近即可.

(3) 设 $u \in K(\Omega)$, 定义 $v(x) = u(\lambda^{-1}x)$, 则 $v(x) = v(\lambda y) = u(y) = 1, \forall x \in \lambda\Omega$, 即 $v \in K(\lambda\Omega)$.

$$\int_{\mathbb{R}^n} |\nabla v|^2 = \lambda^{n-2}\int_{\mathbb{R}^n} |\nabla u|^2.$$

(4) 首先在容量 $\mathrm{Cap}_2(\Omega)$ 的定义中将 $K(\Omega)$ 换成

$$K'(\Omega) = \left\{u \in C_0^1(\mathbb{R}^n) : u(x) = 1, \forall x \in \Omega;\ 0 \leqslant u(x) \leqslant 1, \forall x \in \mathbb{R}^n\right\}$$

是不变的: 因为如果记 $\mathrm{Cap}_2'(\Omega) = \inf\limits_{u\in K'(\Omega)} \int_{\mathbb{R}^n} |\nabla u|^2$, 则由区域位势函数的性质可以证明 $\mathrm{Cap}(\Omega) = \mathrm{Cap}_2'(\Omega)$. 因此 $\mathrm{Cap}_2'(\Omega) = \mathrm{Cap}_2(\Omega)$. 于是使用这个定义, 对任意的 $\varepsilon > 0$, 存在 $u_i \in K'(\Omega_i)$ 使得

$$\int_{\mathbb{R}^n} |\nabla u_i|^2 \leqslant \mathrm{Cap}(\Omega_i) + \varepsilon/2, \quad i = 1, 2.$$

设 $u = \max(u_1, u_2)$, 磨光后可以假设 $u \in K'(\Omega_1 \cup \Omega_2)$, 于是

$$\begin{aligned}\mathrm{Cap}(\Omega_1 \cup \Omega_2) &\leqslant \frac{1}{(n-2)\omega_n}\int_{\mathbb{R}^n} |\nabla u|^2 \\ &\leqslant \frac{1}{(n-2)\omega_n}\int_{\mathbb{R}^n} (|\nabla u_1|^2 + |\nabla u_2|^2) \\ &\leqslant \mathrm{Cap}(\Omega_1) + \mathrm{Cap}(\Omega_2) + \varepsilon.\end{aligned}$$

□

例 1.3 设球 $B_R(x_0)\subset\mathbb{R}^n$, 则区域位势 $v=\dfrac{R^{n-2}}{|x-x_0|^{n-2}}$. 因此 $\mathrm{Cap}(B_R(x_0)) = R^{n-2}$.

设 $q\in\partial\Omega$, $\lambda\in(0,1)$, Ω' 是 Ω 的外围区域, 记

$$e_k=\left\{x\in\Omega':\lambda^{k+1}\leqslant|x-q|\leqslant\lambda^k\right\},\quad E_k=\left\{x\in\Omega':|x-q|\leqslant\lambda^k\right\}.$$

引理 1.6 级数 $\displaystyle\sum_{k=0}^{\infty}\frac{\mathrm{Cap}(e_k)}{\lambda^{k(n-2)}}$ 和 $\displaystyle\sum_{k=0}^{\infty}\frac{\mathrm{Cap}(E_k)}{\lambda^{k(n-2)}}$ 敛散性相同.

证明 容量的性质隐含着 $\mathrm{Cap}(E_k)-\mathrm{Cap}(E_{k+1})\leqslant\mathrm{Cap}(e_k)\leqslant\mathrm{Cap}(E_k)$, 而

$$\begin{aligned}\sum_{k=0}^{\infty}\frac{\mathrm{Cap}(E_k)-\mathrm{Cap}(E_{k+1})}{\lambda^{k(n-2)}}&=\sum_{k=0}^{\infty}\frac{\mathrm{Cap}(E_k)}{\lambda^{k(n-2)}}-\lambda^{n-2}\sum_{k=1}^{\infty}\frac{\mathrm{Cap}(E_k)}{\lambda^{k(n-2)}}\\&=\mathrm{Cap}(E_0)+(1-\lambda^{n-2})\sum_{k=1}^{\infty}\frac{\mathrm{Cap}(E_k)}{\lambda^{k(n-2)}}.\end{aligned}$$

□

引理 1.7 对任意的 $\lambda\in(0,1)$, $\displaystyle\sum_{k=0}^{\infty}\frac{\mathrm{Cap}(E_k)}{\lambda^{k(n-2)}}$ 有相同的敛散性.

证明 设 $q\in\partial\Omega, E_\rho=\{x\in\Omega':|x-q|\leqslant\rho\}$, 则 $\mathrm{Cap}(E_\rho)$ 关于 ρ 单调增加.

$$\frac{\mathrm{Cap}(E_{k+1})}{\lambda^{(k+1)(n-2)}}\frac{1-\lambda^{n-2}}{n-2}\leqslant\int_{\lambda^{k+1}}^{\lambda^k}\frac{\mathrm{Cap}(E_\rho)}{\rho^{n-1}}d\rho\leqslant\frac{\mathrm{Cap}(E_k)}{\lambda^{k(n-2)}}\frac{\lambda^{-(n-2)}-1}{n-2},$$

即

$$\sum_{k=0}^{\infty}\frac{\mathrm{Cap}(E_k)}{\lambda^{k(n-2)}}\text{ 收敛}\Longleftrightarrow\int_0^1\frac{\mathrm{Cap}(E_\rho)}{\rho^{n-1}}d\rho\text{ 收敛},$$

而后者不依赖于 $\lambda\in(0,1)$. □

引理 1.8 设 $\Omega\subset\mathbb{R}^n$ 是有界区域, $\lambda\in(0,1), q\in\partial\Omega$. V_k 是 E_k 的区域位势, 则 q 是 Ω 的正则点的充要条件是 $\lim\limits_{x\to q}V_k(x)=1$.

证明 必要性: 由于 q 是 Ω 的正则边界点, 则 q 是 $\overline{E}_k$ 余集的正则边界点, 从而

$$\lim_{x\to q}V_k(x)=1.$$

充分性: 设 $V(x)=\displaystyle\sum_{k=1}^{\infty}\frac{V_k(x)}{2^k}$. 由于 $0\leqslant V_k(x)\leqslant1$, 级数一致收敛, 从而 $V(x)$ 在 Ω 上调和. 对每个 k, $\lim\limits_{x\to q}V_k(x)=1$, 从而 $\lim\limits_{x\to q}V(x)=1$. 当 $x\in\Omega$ 时, $V(x)<1$. 当 $q\neq x\in\partial\Omega$, 则当 k 充分大时 $x\in\overline{E}_k^c$, $V_k(x)<1$. 因此 $1-V(x)$ 是 q 处的闸函数. □

定理 1.17 (Wiener 准则) 设 $\Omega\subset\mathbb{R}^n$ 是有界区域, $\lambda\in(0,1), q\in\partial\Omega$. V_k 是 E_k 的区域位势, 则 q 是 Ω 的正则点的充要条件是 $\sum\limits_{k=0}^{\infty}\dfrac{\mathrm{Cap}(E_k)}{\lambda^{k(n-2)}}=\infty$.

证明 充分性: 设 v_k 是 e_k 的区域位势, V_k 是 E_k 的区域位势. 如果级数 $\sum\limits_{k=0}^{\infty}\dfrac{\mathrm{Cap}(e_k)}{\lambda^{k(n-2)}}$ 发散, 我们将证明对于每个 $l\geqslant 1$, $\lim\limits_{x\to q}V_l(x)=1$, 从而 q 是 Ω 的正则点.

由于 $j>1$ 个级数

$$\sum_{k=0}^{\infty}\frac{\mathrm{Cap}(e_{jk})}{\lambda^{jk(n-2)}},\quad \sum_{k=0}^{\infty}\frac{\mathrm{Cap}(e_{jk+1})}{\lambda^{(jk+1)(n-2)}},\cdots,\sum_{k=0}^{\infty}\frac{\mathrm{Cap}(e_{jk+j-1})}{\lambda^{(jk+j-1)(n-2)}}$$

中至少一个发散, 不妨设 $\sum\limits_{k=0}^{\infty}\dfrac{\mathrm{Cap}(e_{jk})}{\lambda^{jk(n-2)}}$ 发散. 构造 $e_{mm'}=\sum\limits_{i=m}^{m'}e_{ji}$ 上的函数 $V_{mm'}(x)=\sum\limits_{i=m}^{m'}v_{ji}(x)$, 并取 j,m 使 $jm>l$. 则 $V_{mm'}$ 在 $\overline{e}_{mm'}^c\supset\overline{E}_k^c$ 上调和.

对任意的 $x\in\overline{e}_{mm'}^c$ 和 $\forall i\geqslant 1$, 如果 $|x-q|\leqslant\lambda^{j(i+1)}$ 或者 $|x-q|\geqslant\lambda^{j(i-1)+1}$, 则 $\mathrm{dist}\,(x,e_{ji})\geqslant\lambda^{ji+1}-\lambda^{j(i+1)}$, 从而

$$v_{ji}(x)\leqslant\frac{\mathrm{Cap}(e_{ji})}{\lambda^{ji(n-2)}(\lambda-\lambda^j)^{n-2}}.$$

如果 $\lambda^{j(i+1)}\leqslant|x-q|\leqslant\lambda^{ji+1}$ 或者 $\lambda^{ji}\leqslant|x-q|\leqslant\lambda^{j(i-1)+1}$, 则

$$0<v_{ji}(x)\leqslant 1,$$

注意到对每个 $x\in\overline{e}_{mm'}^c$, 这样的 i 至多一个. 因此

$$V_{mm'}(x)\leqslant\sum_{i=m}^{m'}\frac{\mathrm{Cap}(e_{ji})}{\lambda^{ji(n-2)}(\lambda-\lambda^j)^{n-2}}+1.$$

定义

$$W_{mm'}(x)=\frac{(\lambda-\lambda^j)^{n-2}}{\sum\limits_{i=m}^{m'}\dfrac{\mathrm{Cap}(e_{ji})}{\lambda^{ji(n-2)}}+1}V_{mm'}(x).$$

则 $W_{mm'}(x)$ 在 $\overline{E}_k^c$ 上调和且 $W_{mm'}(x)<1$. 由调和函数的极值原理,

$$W_{mm'}(x)<V_l(x),\quad x\in\overline{E}_l^c.$$

设 $\delta>0$, $x\in B_\delta(q)\cap\overline{\Omega}$, 则

$$\sup_{y\in e_{ji}}|x-y|\geqslant\lambda^{ji}+\delta,\quad v_{ji}(x)\geqslant\frac{\mathrm{Cap}(e_{ji})}{(\lambda^{ji}+\delta)^{n-2}},$$

从而

$$V_l(x)\geqslant W_{mm'}(x)\geqslant\frac{(\lambda-\lambda^j)^{n-2}}{\displaystyle\sum_{i=m}^{m'}\frac{\mathrm{Cap}(e_{ji})}{\lambda^{ji(n-2)}}+1}\sum_{i=m}^{m'}\frac{\mathrm{Cap}(e_{ji})}{(\lambda^{ji}+\delta)^{n-2}}.$$

对任意的 $1>\varepsilon>0$, 固定 $\lambda\in(0,1)$ 使得 $\lambda^{n-2}=1-\dfrac{\varepsilon}{3}$. 取 j 充分大使得 $1-\lambda^j\geqslant1-\dfrac{\varepsilon}{3}$. 由于级数 $\displaystyle\sum_{i=1}^{\infty}\frac{\mathrm{Cap}(e_{ji})}{\lambda^{ji(n-2)}}$ 发散, 取 m' 充分大, 使

$$D=1+\sum_{i=m}^{m'}\frac{\mathrm{Cap}(e_{ji})}{\lambda^{ji(n-2)}}\geqslant\frac{6}{\varepsilon},$$

而

$$\lim_{\delta\to0}\sum_{i=m}^{m'}\frac{\mathrm{Cap}(e_{ji})}{(\lambda^{ji}+\delta)^{n-2}}=D-1,$$

存在 $\delta_0>0$ 使当 $0<\delta\leqslant\delta_0$ 时,

$$\sum_{i=m}^{m'}\frac{\mathrm{Cap}(e_{ji})}{(\lambda^{ji}+\delta)^{n-2}}\geqslant D-2,$$

从而

$$\frac{\displaystyle\sum_{i=m}^{m'}\frac{\mathrm{Cap}(e_{ji})}{(\lambda^{ji}+\delta)^{n-2}}}{\displaystyle\sum_{i=m}^{m'}\frac{\mathrm{Cap}(e_{ji})}{\lambda^{ji(n-2)}}+1}\geqslant1-\frac{\varepsilon}{3}.$$

这样

$$V_l(x)\geqslant\frac{(\lambda-\lambda^j)^{n-2}}{\displaystyle\sum_{i=m}^{m'}\frac{\mathrm{Cap}(e_{ji})}{\lambda^{ji(n-2)}}+1}\sum_{i=m}^{m'}\frac{\mathrm{Cap}(e_{ji})}{(\lambda^{ji}+\delta)^{n-2}}\geqslant\left(1-\frac{\varepsilon}{3}\right)^3.$$

即

$$\lim_{x\to q}V_l(x)=1.$$

必要性: 如果级数 $\sum_{i=1}^{\infty} \frac{\mathrm{Cap}(E_i)}{\lambda^{i(n-2)}}$ 收敛, 取 $m(\lambda)$ 充分大使得

$$\sum_{i=m}^{\infty} \frac{\mathrm{Cap}(E_i)}{\lambda^{i(n-2)}} \leqslant \frac{\lambda^{n-2}}{4}.$$

由于 q 是正则点, 对任意的 m, $\lim_{x \to q} V_m(x) = 1$. 取 $\delta > 0$ 使得 $\lambda^m > \delta > 0$, 且当 $x \in \partial B_\delta(q) \cap \overline{\Omega}$ 时, $V_m(x) > \frac{3}{4}$. 对 $\forall x \in \partial B_\delta(q) \cap \overline{\Omega}$, 取 $m' > m$ 使得 $\lambda^{m'} < \frac{\delta}{2}$, 则

$$V_{m'}(x) \leqslant \frac{\mathrm{Cap}(E_{m'})}{\lambda^{m'(n-2)}} \leqslant \sum_{i=m'}^{\infty} \frac{\mathrm{Cap}(E_i)}{\lambda^{i(n-2)}} \leqslant \frac{\lambda^{n-2}}{4}.$$

设 $E_{mm'} = \{x \in \Omega' : \lambda^{m'} \leqslant |x-q| \leqslant \lambda^m\}$, $\widetilde{V}_{mm'}(x)$ 是其区域位势, 则 $V_{m'}(x)$, $V_m(x)$, $\widetilde{V}_{mm'}(x)$ 在区域 E_m^c 调和. 在 E_m 的边界上, 从而在 E_m 上,

$$V_m(x) \leqslant V_{m'}(x) + \widetilde{V}_{mm'}(x).$$

于是当 $x \in \partial B_\delta(q) \cap \overline{\Omega}$ 时,

$$\frac{3}{4} < V_m(x) \leqslant V_{m'}(x) + \widetilde{V}_{mm'}(x) \leqslant \frac{\lambda^{n-2}}{4} + \widetilde{V}_{mm'}(x),$$

即 $\widetilde{V}_{mm'}(x) > \frac{1}{2}$. 另一方面, 在由三条曲线

$$\begin{cases} \Gamma_1 = \{x \in \overline{\Omega} : |x-q| = \delta\}, \\ \Gamma_2 = \{x \in \partial\Omega : \lambda^{m'} \leqslant |x-q| \leqslant \delta\}, \\ \Gamma_3 = \{x \notin \Omega : |x-q| = \lambda^{m'}\} \end{cases}$$

围成的区域 G 上 $\widetilde{V}_{mm'}(x)$ 调和, 且 $\widetilde{V}_{mm'}(x) > \frac{1}{2}, \forall x \in \partial G$, 由调和函数的极值原理,

$$\frac{1}{2} < V_{mm'}(q) \leqslant \sum_{i=m}^{m'} v_i(q) \leqslant \sum_{i=m}^{m'} \frac{\mathrm{Cap}(e_i)}{\lambda^{(i+1)(n-2)}} \leqslant \sum_{i=m}^{m'} \frac{\mathrm{Cap}(E_i)}{\lambda^{(i+1)(n-2)}} \leqslant \frac{1}{4},$$

矛盾! □

习 题 1

1. 证明如果 $u \in C^2(\Omega)$ 是下调和, 则对任何 $B_R(x) \subset\subset \Omega$,

$$u(x) \leqslant \frac{1}{\omega_n R^{n-1}} \int_{\partial B_R(x)} u(y) dS_y.$$

2. 设函数 u 在 $\mathbb{R}^n$ 中调和, 且满足 $\|u\|_{L^p(\mathbb{R}^n)} \leqslant M, p \in [1, \infty)$. 证明 $u \equiv 0$.

3. 证明任何在 $\mathbb{R}^n$ 中具有多项式增长的调和函数是多项式.

4. 设 $\Omega \subset R^n$ 是有界区域. 令

$$H_0^1(\Omega) \ni u \to I(u) = \int_\Omega |Du|^2.$$

证明下列结论:

(a) 如果 $u_k \in H_0^1$, $\|u\|_{L^2(\Omega)} = 1$ 是 $I(u)$ 的极小化序列, 即

$$I(u_k) \to \lambda_1 = \inf_{u \in H_0^1(\Omega), \|u\|_{L^2(\Omega)}=1} \int |Du|^2,$$

则存在子列 $\|u_{k_i} - u\|_{H_0^1(\Omega)} \to 0$, u 满足

$$\text{(E)} \quad \Delta u(x) + \lambda_1 u(x) = 0, \quad x \in \Omega.$$

进而, $\lambda_1 > 0$.

(b) $|u| \in H_0^1(\Omega)$ 满足 (E). 进而, $|u(x)| > 0, \forall x \in \Omega$.

(c) 设 $u \in H_0^1(\Omega)$ 是 (E) 之解, 证明 $u \equiv 0$ 或 $|u(x)| > 0, \forall x \in \Omega$.

5. 假设在以原点为中心的单位球 $B_1 \subset \mathbb{R}^n$ 中 $\Delta u = f$, 在 ∂B_1 上 $u = 0$, f 连续. 证明

$$|u(x)| \leqslant \frac{1}{2n}(1 - |x|^2) \sup_{B_1} |f|, \quad \forall x \in B_1.$$

6. 假设 $\{u_k\}_k \subset C(\overline{\Omega})$ 是 Ω 上调和函数序列, 并且 $\max\limits_{\partial\Omega} |u_k| \leqslant M$. 证明存在子列内闭一致收敛到一个调和函数.

7. 设 $\{u_k\}$ 是 Ω 上单调增加的调和函数序列, 如果有 $y \in \Omega$ 使得 $\{u_k(y)\}$ 有界, 证明在任意紧子集 $K \subset \Omega$ 上 $\{u_k\}$ 一致收敛到一个调和函数.

第二章　极大值原理

这一章我们将关于调和函数的极值原理推广到一般的二阶椭圆算子

$$Lu \equiv a_{ij}(x)D_{ij}u + b_i(x)D_iu + c(x)u, \quad x \in \Omega. \tag{2.1}$$

定义 2.1　算子 L 在 $x \in \Omega$ 称为椭圆的, 如果 $(a_{ij}(x))$ 是对称正定的:

$$0 < \lambda(x)|\xi|^2 \leqslant a_{ij}(x)\xi_i\xi_j \leqslant \Lambda(x)|\xi|^2, a_{ij} = a_{ji}.$$

算子 L 在 Ω 中称为椭圆的, 如果 $\lambda(x) > 0, \forall x \in \Omega$.
算子 L 在 Ω 中称为严格椭圆的, 如果 $\lambda(x) \geqslant \lambda_0 > 0, \forall x \in \Omega$.
算子 L 在 Ω 中称为一致椭圆的, 如果 Λ/λ 在 Ω 中有界.

如果 $a_{ij}(x) \in C(\overline{\Omega})$, 则 L 的椭圆性条件隐含着 L 的一致椭圆性. 在这一章, 我们将假设

$$\frac{|c(x)|}{\lambda(x)}, \frac{|\vec{b}(x)|}{\lambda(x)} \leqslant M < \infty, \quad \forall x \in \Omega. \tag{2.2}$$

§2.1　强极值原理

定理 2.1 (弱极值原理)　假设 L 在有界域 Ω 中是椭圆的, (2.2) 成立, $u \in C^2(\Omega) \cap C(\overline{\Omega})$, $c(x) \leqslant 0, Lu(x) \geqslant 0, \forall x \in \Omega$. 则 u 的非负极大值在边界上达到. 即

$$\sup_{\Omega} u \leqslant \sup_{\partial\Omega} u^+,$$

这里我们令 $u^+(x) = \max(u(x), 0), u^-(x) = \min(u(x), 0)$.

证明 设 $\varepsilon>0$, 记 $w(x)=u(x)+\varepsilon e^{\alpha x_1},\alpha>0$ 稍后决定. 则由于 $a_{11}(x)>\lambda(x)$; $|b(x)|/\lambda(x),|c(x)|/\lambda(x)\leqslant M$, 当 $\alpha>0$ 充分大时,

$$Lw=Lu+\varepsilon(a_{11}\alpha^2+b_1\alpha+c)e^{\alpha x_1}>0.$$

如果 $x_0\in\Omega$ 使得 $\max\limits_{\Omega}w=w(x_0)\geqslant 0$, 则 $\partial_i w(x_0)=0,(D_{ij}w(x_0))\leqslant 0,(a_{ij}(x_0))>0$ 从而 $\operatorname{tr}(a_{ij}(x_0))(D_{ij}w(x_0))=a_{ij}(x_0)D_{ij}w(x_0)\leqslant 0$, 我们有

$$Lw(x_0)=a_{ij}(x_0)D_{ij}w(x_0)+b_iD_iw(x_0)+c(x_0)w(x_0)\leqslant 0,$$

矛盾! 因此 w 的非负最大值只能在边界上达到, 即

$$\sup_{\Omega}w\leqslant\sup_{\Omega}(u+\varepsilon e^{\alpha x_1})^+=\sup_{\partial\Omega}(u+\varepsilon e^{\alpha x_1})^+\leqslant\sup_{\partial\Omega}u^++\varepsilon\sup_{\partial\Omega}e^{\alpha x_1}.$$

令 $\varepsilon\to 0$,

$$\sup_{\Omega}u\leqslant\sup_{\partial\Omega}u^+.$$ □

推论 2.1 假设 L 在有界域 Ω 中是椭圆的, (2.2) 成立, $u\in C^2(\Omega)\cap C(\overline{\Omega})$, $c(x)\leqslant 0$, $Lu(x)=0,\forall x\in\Omega$. 则 u 在边界上达到它的非负极大值和非正极小值. 如果 $c\equiv 0$, 则 $\sup\limits_{\Omega}u=\sup\limits_{\partial\Omega}u$.

证明 由于 $u=u^++u^-$, $\pm u$ 满足定理条件, 我们有

$$\sup_{\Omega}u\leqslant\sup_{\partial\Omega}u^+,$$

$$\sup_{\Omega}(-u)\leqslant\sup_{\partial\Omega}(-u)^+\quad\Rightarrow\quad\inf_{\Omega}u^-\geqslant\inf_{\partial\Omega}u^-.$$

特别地,

$$\begin{aligned}\sup_{\Omega}|u|&=\sup_{\Omega}(u^+-u^-)\\&\leqslant\sup_{\Omega}u^+-\inf_{\Omega}u^-\\&\leqslant\sup_{\partial\Omega}u^+-\inf_{\partial\Omega}u^-\\&=\sup_{\partial\Omega}|u|.\end{aligned}$$ □

引理 2.1 (Hopf) 假设 L 在 Ω (不必有界) 中是一致椭圆的, (2.2) 成立, $u\in C^2(\Omega)\cap C(\overline{\Omega}),c(x)\leqslant 0,Lu(x)\geqslant 0,\forall x\in\Omega$. 设 $x_0\in\partial\Omega$ 使得

(1) $u(x)$ 在 x_0 处连续, $u(x_0)\geqslant 0$;

(2) $u(x_0)>u(x),\forall x\in\Omega$;

(3) Ω 在 x_0 处满足内球条件.
则对 x_0 处的任意向外的向量 ν 满足 $\nu\cdot n(x_0)>0$,

$$\lim_{t\to 0^+}\frac{1}{t}[u(x_0)-u(x_0-t\nu)]>0.$$

证明 假设存在球 $B=B_R(y)\subset\Omega$ 使得 $x_0\in\partial B$. 令

$$h(x)=e^{-\alpha|x-y|^2}-e^{-\alpha R^2},\quad \alpha>0.$$

则

$$\begin{aligned}
Lh&=e^{-\alpha|x-y|^2}\left(4\alpha^2a_{ij}(x_i-y_i)(x_j-y_j)-2\alpha a_{ij}\delta_{ij}-2\alpha b_i(x_i-y_i)\right)+ch\\
&\geqslant e^{-\alpha|x-y|^2}\left(4\alpha^2\lambda|x-y|^2-2\alpha(a_{ii}+|b||x-y|)+c\right)\\
&=e^{-\alpha|x-y|^2}\lambda(x)\left(4\alpha^2|x-y|^2-2\alpha\lambda^{-1}(a_{ii}+|b||x-y|)+\lambda^{-1}c\right).
\end{aligned}$$

为了使 $Lh(x)>0$, 我们限制 $x\in A\equiv B_R(y)\backslash B_\rho(y)$. 由于一致椭圆性和假设 (2.2),

$$\lambda^{-1}a_{ij},\lambda^{-1}|b(x)|,\lambda^{-1}|c(x)|\leqslant M,\quad \forall x\in\Omega.$$

取 α 充分大, 使得 $Lh(x)>0,x\in A$. 由于 $u(x)<u(x_0)$, 可以选取 $\varepsilon>0$ 使得 $u(x)-u(x_0)+\varepsilon h(x)\leqslant 0,\forall x\in\partial B_\rho(y)$. 因而 $u(x)-u(x_0)+\varepsilon h(x)\leqslant 0,\forall x\in\partial A$. 现在

$$L(u(x)-u(x_0)+\varepsilon h(x))=Lu(x)+\varepsilon Lh(x)-cu(x_0)>-cu(x_0)\geqslant 0,$$

弱极大值原理隐含着 $v(x)\equiv u(x)-u(x_0)+\varepsilon h(x)\leqslant 0,\forall x\in A$. 于是对 $t>0$,

$$\begin{aligned}
0&\leqslant t^{-1}(v(x_0)-v(x_0-t\nu))\\
&=-t^{-1}v(x_0-t\nu)\\
&=-t^{-1}(u(x_0-t\nu)-u(x_0)+\varepsilon h(x_0-t\nu))\\
&=t^{-1}(u(x_0)-u(x_0-t\nu))-t^{-1}\varepsilon h(x_0-t\nu),
\end{aligned}$$

得到

$$\liminf_{t\to 0^+}\frac{u(x_0)-u(x_0-t\nu)}{t}\geqslant-\varepsilon\frac{\partial h}{\partial\nu}(x_0)=\varepsilon\cdot 2\alpha e^{-\alpha R^2}(x_0-y)\cdot\nu>0.\qquad\square$$

注解 2.1 从证明我们看到: 如果 $c(x)\equiv 0$, 则条件 $u(x_0)\geqslant 0$ 可以去掉.

注解 2.2 如果 $u(x_0)=0$, 则引理中关于 $c(x)\leqslant 0$ 的条件也可以去掉:

$$\begin{aligned}(L-c^+)h &= e^{-\alpha|x-y|^2}\left(4\alpha^2 a_{ij}(x_i-y_i)(x_j-y_j)-2\alpha a_{ij}\delta_{ij}-2\alpha b_i(x_i-y_i)\right)+c^-h\\ &\geqslant e^{-\alpha|x-y|^2}\left(4\alpha^2\lambda|x-y|^2-2\alpha(a_{ii}+|b||x-y|)+c^-\right)\\ &= e^{-\alpha|x-y|^2}\lambda(x)\left(4\alpha^2|x-y|^2-2\alpha\lambda^{-1}(a_{ii}+|b||x-y|)+\lambda^{-1}c^-\right)\\ &> 0,\quad \forall x\in A.\end{aligned}$$

$$\begin{aligned}&(L-c^+)\left(u(x)-u(x_0)+\varepsilon h(x)\right)\\ =\ & L(u(x)-u(x_0))-c^+(u(x)-u(x_0))+\varepsilon(L-c^+)h(x)\\ =\ & Lu(x)-cu(x_0)-c^+(u(x)-u(x_0))+\varepsilon(L-c^+)h(x)\\ >\ & -cu(x_0)=0,\quad \forall x\in A.\end{aligned}$$

□

定理 2.2 (强极值原理) 假设 L 在 Ω (不必有界) 中是一致椭圆的, (2.2) 成立, $u\in C^2(\Omega)\cap C(\overline{\Omega}), c(x)\leqslant 0, Lu(x)\geqslant 0, \forall x\in\Omega$. 则非常数的 u 不能在 Ω 内部取得非负极大值. 如果 $c\equiv 0$, 则如果 u 在内部取得极大值, u 必是常数.

证明 设 $0\leqslant M=\max\limits_{\Omega} u<\infty$. 记

$$\Sigma=\{x\in\Omega: u(x)=M\}.$$

如果 $\Sigma\neq\emptyset$, 且假设 u 不是常数, 则 $\Omega\backslash\Sigma$ 是开集, 存在球 $B\subset\Omega\backslash\Sigma$ 和 $x_0\in\partial B\cap\Sigma$. 这样 $u(x)<u(x_0), \forall x\in B, u(x_0)=M$. 由 Hopf 引理, $\dfrac{\partial u}{\partial\nu}(x_0)>0$, 这里 ν 是 x_0 处 B 的外法线方向. 现在 $x_0\in\Omega$, 有 $\nabla u(x_0)=0$. 矛盾! 当 $c\equiv 0$ 时结论从上面的注解 2.1 得到. □

推论 2.2 (比较原理) 假设 L 在有界区域 Ω 上是一致椭圆的, (2.2) 成立, $u\in C^2(\Omega)\cap C(\overline{\Omega})$ 满足 $Lu(x)\geqslant 0, c(x)\leqslant 0, \forall x\in\Omega$. 如果 $u(x)\leqslant 0, \forall x\in\partial\Omega$, 则 $u(x)\leqslant 0, \forall x\in\Omega$.

推论 2.3 假设 Ω 是有界区域, 且在 $\partial\Omega$ 每一点满足内球条件. $u\in C^2(\Omega)\cap C^1(\overline{\Omega})$ 是下面混合边值问题之解:

$$\begin{cases}Lu(x)=f(x), & x\in\Omega,\\ \dfrac{\partial u(x)}{\partial\nu}+\alpha(x)u=\varphi, & x\in\partial\Omega,\end{cases}\tag{2.3}$$

这里 L 在 Ω 中是一致椭圆的, (2.2) 成立, $f\in C(\overline{\Omega}), \varphi\in C(\partial\Omega), \nu$ 是外法向. 进一步假设 $c(x)\leqslant 0, \forall x\in\Omega$, $\alpha(x)\geqslant 0, \forall x\in\partial\Omega$. (1) 如果 $c\not\equiv 0$ 或者 $\alpha\not\equiv 0$, 则 (2.3) 有唯一解. (2) 如果 $c\equiv 0$ 和 $\alpha\equiv 0$, 则 (2.3) 除了相差一个常数外解是唯一的.

证明 齐次问题

$$
\begin{cases}
Lu(x)=0, & x\in\Omega,\\
\dfrac{\partial u(x)}{\partial\nu}+\alpha(x)u=0, & x\in\partial\Omega.
\end{cases}
$$

(1) 由于 $\pm u$ 都是上面问题的解, 因此不妨设 $0\leqslant u(x_0)=\max\limits_{\overline{\Omega}}u, x_0\in\overline{\Omega}$. 分两种情形讨论: (a) 如果 $x_0\in\Omega$, 则 $u\equiv u(x_0)$, 在边界上 $\alpha(x)u(x)=\alpha(x)u(x_0)=0$. 如果 $c\not\equiv 0$, 于是从方程 $Lu=0$ 知道 $u(x_0)=0$, 即 $u(x)\equiv 0$. 如果 $\alpha\not\equiv 0$, 则从边界条件知道 $u(x_0)=0$, 即 $u(x)\equiv 0$. (b) 如果 $x_0\in\partial\Omega$, $u(x)<u(x_0),\forall x\in\Omega$. 则由 Hopf 引理 $\dfrac{\partial u}{\partial\nu}(x_0)>0$, 从而 $\dfrac{\partial u}{\partial\nu}(x_0)+\alpha(x_0)u(x_0)>0$ 与边界条件矛盾! 因此 $u\equiv 0$.

(2) $c\equiv 0$. 由弱极值原理 u 的极大值在边界上达到. 设 $u(x_0)=\max\limits_{\Omega}u, x_0\in\partial\Omega$, 则对非常数的 u, 由 Hopf 极值原理, $\dfrac{\partial u}{\partial\nu}(x_0)>0$, 这与边界条件 $\dfrac{\partial u}{\partial\nu}(x_0)=0$ 矛盾! □

在上面的极值原理中 $c\leqslant 0$ 的假设至关重要, 在应用中必须验证. 一个自然的问题, 能否找到其他的条件替代? 下面的几个定理是这方面的结果.

Serrin 比较定理去掉了 c 的符号假设, 但加强了 $u(x)\leqslant 0,\forall x\in\Omega$.

定理 2.3 假设 L 在有界区域 Ω 上是一致椭圆的, (2.2) 成立, $u\in C^2(\Omega)\cap C(\overline{\Omega})$ 满足 $Lu\geqslant 0$. 如果 $u(x)\leqslant 0,\forall x\in\Omega$, 则 $u(x)<0,\forall x\in\Omega$ 或者 $u(x)\equiv 0$.

证明 由于 $Lu=a_{ij}u_{ij}+b_iu_i+(c^++c^-)u\geqslant 0$, 则 $a_{ij}u_{ij}+b_iu_i+c^-u\geqslant -c^+u\geqslant 0$, 如果 u 在内部取得最大值 $u(x_0)=0, x_0\in\Omega$, 则 $u\equiv 0$. □

下面的定理告诉我们乘上一个适当的正函数 w^{-1} 后, $\dfrac{u}{w}$ 满足极值原理, 而不需要 $c(x)$ 的符号假设. 这种性质显然是椭圆算子的形式决定的.

定理 2.4 假设 L 在有界区域 Ω 上是一致椭圆的, (2.2) 成立, $w\in C^2(\Omega)\cap C^1(\overline{\Omega})$ 满足: $w(x)>0,\forall x\in\overline{\Omega}, Lw(x)\leqslant 0, x\in\Omega$. 如果 $u\in C^2(\Omega)\cap C(\overline{\Omega})$ 满足 $Lu(x)\geqslant 0,\forall x\in\Omega$, 则 $\dfrac{u}{w}$ 不能在内部取得非负极大值, 除非它是常数. 如果 $\dfrac{u}{w}$ 在 $x_0\in\partial\Omega$ 上取得非负极大值, Ω 在 x_0 处具有内球性质, 则对任何在 x_0 处指向外的方向 ν 有

$$
\frac{\partial}{\partial\nu}\left(\frac{u}{w}\right)(x_0)>0.
$$

证明 设 $v=\dfrac{u}{w}$, 即 $u=vw$, 计算

$$
Lu=wa_{ij}v_{ij}+(b_iw+2a_{ij}w_j)v_i+(Lw)v,
$$

或者

$$\widetilde{L}v \equiv a_{ij}v_{ij} + \left(b_i + 2a_{ij}\frac{w_j}{w}\right)v_i + \left(\frac{Lw}{w}\right)v \geqslant 0.$$

注意到 $\dfrac{Lw}{w} \leqslant 0$, 从极值原理得到结论. □

这个定理的一个应用是下面的窄域极值原理:

定理 2.5 假设 L 在有界区域 Ω 上是一致椭圆的, (2.2) 成立, $u \in C^2(\Omega) \cap C(\overline{\Omega})$ 满足 $Lu(x) \geqslant 0, \forall x \in \Omega$. 区域 $\Omega \subset \{x : 0 < x_1 < d\}$, 如果 $\alpha > 0$ 充分大, $d(\alpha) > 0$ 适当小, 则 $\dfrac{u}{e^{\alpha d} - e^{\alpha x_1}}$ 的非负极大值只能在边界上达到.

证明 我们主要是构造 $w = e^{\alpha d} - e^{\alpha x_1}, \alpha > 0$. 则 $w(x) > 0, \forall x \in \Omega$, 且

$$\begin{aligned}
Lw &= -(a_{11}\alpha^2 + b_1\alpha)e^{\alpha x_1} + cw \\
&\leqslant -\lambda\alpha^2\left(1 + \frac{b_1}{\lambda\alpha} - \frac{c}{\lambda\alpha^2} + \frac{c}{\lambda\alpha^2}e^{\alpha(d-x_1)}\right)e^{\alpha x_1} \\
&\leqslant -\lambda\alpha^2\left(1 - \frac{M}{\alpha} - \frac{M}{\alpha^2} - \frac{M}{\alpha^2}e^{\alpha d}\right)e^{\alpha x_1} \\
&\leqslant 0, \quad \text{如果取 } \alpha \text{ 充分大, } d \text{ 适当小.}
\end{aligned}$$

于是 $v = \dfrac{u}{w}$ 的非负极大值只能在边界上达到. □

§2.2 先验估计

下面的定理是应用极值原理 (比较原理), 通过构造比较函数 w 来实现估计. 由弱极值原理立即有下面的定理:

定理 2.6 设 L 是有界域 Ω 上的椭圆算子, (2.2) 成立, $u \in C^2(\Omega) \cap C(\overline{\Omega})$ 满足 $Lu(x) \geqslant f(x), c(x) \leqslant 0, x \in \Omega$. 则

$$\sup_{\Omega} u \leqslant \sup_{\partial\Omega} u^+ + C\sup_{\Omega}\frac{|f^-|}{\lambda}.$$

这里常数 $C = C\left(\operatorname{diam}\Omega, \sup\limits_{\Omega}\dfrac{|\vec{b}|}{\lambda}\right)$.

证明 设 $\Omega \subset \{x : 0 < x_1 < d\}$, 构造

$$w = \sup_{\partial\Omega} u^+ + (e^{\alpha d} - e^{\alpha x_1})\sup_{\Omega}\frac{|f^-|}{\lambda}.$$

则

$$Lw = -(\alpha^2 a_{11} + b_1\alpha)\sup_{\Omega}\frac{|f^-|}{\lambda} \leqslant -\lambda(\alpha^2 - |b|\lambda^{-1}\alpha)\sup_{\Omega}\frac{|f^-|}{\lambda}.$$

取 $\alpha \geqslant \sup\limits_{\Omega}|b|\lambda^{-1}+1$, 则 $\alpha^2-|b|\lambda^{-1}\alpha \geqslant 1$. 于是

$$Lw \leqslant -\lambda \sup_{\Omega}\frac{|f^-|}{\lambda},$$

$$L(u-w) \geqslant \lambda\left(\frac{f^-}{\lambda}+\sup_{\Omega}\frac{|f^-|}{\lambda}\right) \geqslant 0.$$

由弱极值原理,

$$\sup_{\Omega} u \leqslant \sup_{\Omega} w \leqslant \sup_{\partial\Omega} u^+ + C\sup_{\Omega}\frac{|f^-|}{\lambda}.$$ □

推论 2.4 设 L 是有界域 Ω 上的椭圆算子, (2.2) 成立, $u \in C^2(\Omega)\cap C(\overline{\Omega})$ 满足

$$\begin{cases} Lu(x)=f(x), & x \in \Omega, \\ u(x)=\varphi(x), & x \in \partial\Omega, \end{cases}$$

其中 $f \in C(\overline{\Omega}), \varphi \in C(\partial\Omega)$. 如果 $c(x) \leqslant 0$, 则存在常数 $C\left(\mathrm{diam}(\Omega), \sup\limits_{\Omega}\dfrac{|\vec{b}|}{\lambda}\right)$ 使得

$$|u(x)| \leqslant C\max_{\Omega}|f|\lambda^{-1}+\max_{\partial\Omega}|\varphi|.$$

证明 证明的主要思想是比较原理: 构造 $v(x)$ 使满足

$$\begin{cases} L(\pm u-v) \geqslant 0, & x \in \Omega, \\ \pm u - v \leqslant 0, & x \in \partial\Omega. \end{cases}$$

由于 Ω 是有界区域, 设 $\Omega \subset \{x: 0<x_1<d\}$. 构造

$$v(x)=\max_{\partial\Omega}|\varphi|+(e^{\alpha d}-e^{\alpha x_1})\max_{\Omega}|f|\lambda^{-1}, \quad \alpha>0.$$

则 $v(x)>0, \forall x \in \Omega$, 且

$$\begin{aligned} Lv &= -(a_{11}\alpha^2+b_1\alpha)e^{\alpha x_1}\max_{\Omega}|f|\lambda^{-1}+c\left(\max_{\partial\Omega}|\varphi|+(e^{\alpha d}-e^{\alpha x_1})\max_{\Omega}|f|\lambda^{-1}\right) \\ &\leqslant -(\lambda\alpha^2+b_1\alpha)\max_{\Omega}|f|\lambda^{-1} \\ &\leqslant -\lambda\max_{\Omega}|f|\lambda^{-1}, \quad \alpha \text{ 适当大}. \end{aligned}$$

于是

$$\begin{cases} L(\pm u-v)=\pm f-Lv \geqslant \pm f+\lambda\max\limits_{\Omega}|f|\lambda^{-1} \geqslant 0, & x \in \Omega, \\ \pm u-v(x) \leqslant \max\limits_{\partial\Omega}|\varphi|-\min\limits_{\partial\Omega} v \leqslant 0, & \forall x \in \partial\Omega. \end{cases}$$

因此由比较原理, $|u(x)| \leqslant v(x), \forall x \in \Omega$. □

对于一般的椭圆型方程的 Robin 问题, 我们有下面的推论.

推论 2.5 假设有界区域 Ω 满足外球条件, L 在 Ω 上是一致椭圆的, (2.2) 成立. 设 $u \in C^2(\Omega) \cap C(\overline{\Omega})$ 满足

$$\begin{cases} Lu(x) = f(x), & x \in \Omega, \\ \partial_\nu u(x) + \alpha u(x) = \varphi(x), & x \in \partial\Omega, \end{cases}$$

其中 $f \in C(\overline{\Omega}), \varphi \in C(\partial\Omega)$. 这里 ν 是外法向. 如果 $c(x) \leqslant 0, \alpha(x) \geqslant \alpha_0 > 0, \alpha_0$ 是常数, 则存在常数 $C\left(\sup\limits_{\Omega} \dfrac{|\vec{b}|}{\lambda}, \operatorname{diam}(\Omega), \alpha_0\right)$ 使得

$$|u(x)| \leqslant C\left(\sup_{\Omega} |f\lambda^{-1}| + \max_{\partial\Omega} |\varphi|\right).$$

证明 证明的主要思想是用强极值原理: 构造 v 满足

$$\begin{cases} L(\pm u - v) \geqslant 0, & x \in \Omega, \\ \partial_\nu(\pm u - v) + \alpha(\pm u - v) \leqslant 0, & x \in \partial\Omega. \end{cases}$$

如果 $\pm u - v$ 在边界点 $x_0 \in \partial\Omega$ 取得正的极大值, 则 $\partial_\nu(\pm u - v)(x_0) > 0$. 由于 $\alpha \geqslant 0$, 那么 $\partial_\nu(\pm u - v)(x_0) + \alpha(\pm u - v)(x_0) > 0$ 矛盾! 因此 $\pm u - v \leqslant 0$.

假设 $u = w(x)v(x)$, 则

$$Lu = w a_{ij} v_{ij} + (b_i w + 2a_{ij} w_j) v_i + (Lw) v,$$

或者

$$\begin{cases} \widetilde{L}v \equiv a_{ij} v_{ij} + \left(b_i + 2a_{ij}\dfrac{w_i}{w}\right) v_i + \left(\dfrac{Lw}{w}\right) v = \dfrac{f}{w}, & x \in \Omega, \\ \partial_\nu v + \left(\alpha + \dfrac{1}{w}\partial_\nu w\right) v = \dfrac{\varphi}{w}, & x \in \partial\Omega. \end{cases}$$

假设 $\Omega \subset \{x : 0 < x_1 < d\}$, 构造

$$w = A + e^{\beta d} - e^{\beta x_1}, \quad A, \beta > 0 \text{ 是后面决定的常数.}$$

$$\begin{aligned} \frac{Lw}{w} &= c + \frac{a_{ij} w_{ij} + b_i w_i}{w} \\ &= c - w^{-1}(a_{11}\beta^2 + b_1\beta) e^{\beta x_1} \\ &\leqslant -\frac{2^{-1}\lambda(x)\beta^2}{A + e^{\beta d}} \leqslant -c_0\lambda(x), \end{aligned}$$

这里取 $\beta>0$ 使得 $1-\sup\limits_{\Omega}\dfrac{|b_1(x)|}{\lambda(x)}\dfrac{1}{\beta}=\dfrac{1}{2}$.

$$\left|\frac{1}{w}\partial_\nu w\right|\leqslant\frac{\beta e^{\beta d}}{A}\leqslant\frac{\alpha_0}{2},\quad \text{选取 } A \text{ 充分大}.$$

令

$$V(x)=\pm v-\frac{1}{c_0}\sup_{\Omega}\left|\frac{f}{w\lambda}\right|-\frac{2}{\alpha_0}\max_{\partial\Omega}\left|\frac{\varphi}{w}\right|,$$

则

$$\begin{aligned}\widetilde{L}V(x)&=\pm\frac{f}{w}-\frac{Lw}{w}\left(\frac{1}{c_0}\sup_{\Omega}\left|\frac{f}{w\lambda}\right|+\frac{2}{\alpha_0}\max_{\partial\Omega}\left|\frac{\varphi}{w}\right|\right)\\&\geqslant\pm\frac{f}{w}+\lambda\sup_{\Omega}\left|\frac{f}{w\lambda}\right|\\&\geqslant\lambda\left(\pm\frac{f}{w\lambda}+\sup_{\Omega}\left|\frac{f}{w\lambda}\right|\right)\geqslant 0,\quad x\in\Omega,\end{aligned}$$

$$\begin{aligned}\partial_\nu V(x)+\left(\alpha+\frac{1}{w}\partial_\nu w\right)V(x)&=\pm\partial_\nu v+\left(\alpha+\frac{1}{w}\partial_\nu w\right)(\pm v)\\&\quad-\left(\alpha+\frac{1}{w}\partial_\nu w\right)\left(\frac{1}{c_0}\sup_{\Omega}\left|\frac{f}{w\lambda}\right|+\frac{2}{\alpha_0}\max_{\partial\Omega}\left|\frac{\varphi}{w}\right|\right)\\&\leqslant\pm\frac{\varphi}{w}-\max_{\partial\Omega}\left|\frac{\varphi}{w}\right|\leqslant 0,\quad\forall x\in\partial\Omega.\end{aligned}$$

于是

$$\begin{aligned}|u(x)|&\leqslant w(x)\left(\frac{1}{c_0}\sup_{\Omega}\left|\frac{f}{w\lambda}\right|+\frac{2}{\alpha_0}\max_{\partial\Omega}\left|\frac{\varphi}{w}\right|\right)\\&\leqslant C\left(\sup_{\Omega}\frac{|\vec{b}|}{\lambda},\alpha_0,\mathrm{diam}(\Omega)\right)\left(\sup_{\Omega}|f\lambda^{-1}|+\max_{\partial\Omega}|\varphi|\right).\end{aligned}$$ □

§2.3 梯度估计

这一节我们将假设椭圆型方程的主部系数 $a_{ij}\in C(\overline{\Omega}),a_{ij}(x)\xi_i\xi_j\geqslant\lambda|\xi|^2$, 常数 $\lambda>0$, 从而是一致椭圆的. 椭圆型方程的梯度估计是由 Bernstein 的思想, 应用极值原理于梯度模 $v=|\nabla u|^2$ 函数. 我们将给出内估计和全局估计.

定理 2.7 假设 $\Omega\subset\mathbb{R}^n$ 是有界区域, $u\in C^3(\Omega)\cap C^1(\overline{\Omega})$ 满足

$$a_{ij}(x)u_{ij}+b_i(x)u_i=f(x,u),\quad x\in\Omega,\tag{2.4}$$

这里 $a_{ij}, b_i \in C^1(\overline{\Omega}), f \in C^1(\overline{\Omega} \times \mathbb{R})$. 则

$$\sup_{\Omega} |Du| \leqslant \sup_{\partial\Omega} |Du| + C,$$

常数 $C = C(\lambda, \operatorname{diam}(\Omega), \|a_{ij}, b_i\|_{C^1}, \|u\|_{L^\infty}, \|f\|_{C^1})$.

证明 借用调和函数的梯度估计定理 1.11 的证明思想, 我们计算 $L_0(|\nabla u|^2)$, 这里 $L_0 = a_{ij}D_{ij} + b_i D_i$.

$$L_0(|\nabla u|^2) = 2a_{ij}u_{ki}u_{kj} + 2a_{ij}u_k u_{kij} + 2b_i u_k u_{ki}.$$

为了处理三阶导数项 u_{kij}, 我们需要利用方程 (2.4): 两边微分方程 (2.4) 得到

$$a_{ij}u_{kij} = \partial_k f(x,u) - \partial_k a_{ij} u_{ij} - \partial_k b_i u_i - b_i u_{ki},$$

代入到 $L_0(|\nabla u|^2)$ 得

$$\begin{aligned}
L_0(|\nabla u|^2) &= 2a_{ij}u_{ki}u_{kj} + 2a_{ij}u_k u_{kij} + 2b_i u_k u_{ki} \\
&= 2a_{ij}u_{ki}u_{kj} + 2u_k(\partial_k f(x,u) - \partial_k a_{ij}u_{ij} - \partial_k b_i u_i - b_i u_{ki}) + 2b_i u_k u_{ki} \\
&= 2a_{ij}u_{ki}u_{kj} + 2|\nabla u|^2 \partial_u f + 2u_k \partial_{x_k} f - 2u_k(\partial_k a_{ij}u_{ij} + \partial_k b_i u_i + b_i u_{ki}) \\
&\quad +2b_i u_k u_{ki} \\
&\geqslant \lambda |D^2 u|^2 - C|\nabla u|^2 - C.
\end{aligned}$$

这里 $C = C(\lambda, \|u\|_{L^\infty}, \|a_{ij}, b_i\|_{C^1}, \|f\|_{C^1(\overline{\Omega}\times[\|u\|_{L^\infty}, \|u\|_{L^\infty}])})$.

为了控制 $|\nabla u|^2$, 我们计算

$$\begin{aligned}
L_0(u^2) &= 2a_{ij}u_i u_j + 2u\left(a_{ij}u_{ij} + b_i u_i\right) \\
&\geqslant 2\lambda|\nabla u|^2 + 2uf \geqslant 2\lambda|\nabla u|^2 - C.
\end{aligned}$$

另一方面, 假设 $\Omega \subset \{x : x_1 > 0\}$.

$$L_0(e^{\beta x_1}) = \left(a_{11}\beta^2 + b_1\beta\right) e^{\beta x_1} \geqslant \lambda\beta^2 - |b|\beta.$$

最后设

$$w(x) = |\nabla u|^2 + \alpha u^2 + e^{\beta x_1}, \qquad \alpha, \beta > 0 \text{ 是后面决定的常数}.$$

$$\begin{aligned}
L_0 w &\geqslant \lambda|D^2 u|^2 + (2\alpha\lambda - C)|Du|^2 + \lambda\beta^2 - |b|\beta - C\alpha \\
&\geqslant 0, \quad \alpha, \beta \text{充分大}.
\end{aligned}$$

因此由极值原理,

$$\sup_{\Omega} w \leqslant \sup_{\partial\Omega} w \leqslant \sup_{\partial\Omega} |Du|^2 + C. \qquad \square$$

下面的定理是内梯度估计.

定理 2.8 假设 $u \in C^3(\Omega)$ 满足

$$a_{ij}D_{ij}u + b_iD_iu = f(x,u), \quad x \in \Omega,$$

这里 $a_{ij}, b_i \in C^1(\overline{\Omega}), f \in C(\Omega \times \mathbb{R})$. 则对任何紧子集 $\Omega' \subset \Omega$, 存在依赖于 $\lambda, \operatorname{diam}(\Omega), \operatorname{dist}(\Omega', \partial\Omega), \|a_{ij}, b_i\|_{C^1}, \|u\|_{L^\infty}, \|f\|_{C^1}$ 的常数 C 使得

$$\sup_{\Omega'}|Du| \leqslant C.$$

证明 取截断函数 $\eta \in C_0^\infty(\Omega), 0 \leqslant \eta \leqslant 1$, 记

$$w = \eta|Du|^2 + \alpha|u|^2 + e^{\beta x_1},$$

计算

$$a_{ij}D_{ij}w + b_iD_iw$$

即可. □

下面的定理介绍了一种用闸函数估计的方法, 证明解在边界的正则性, 简称闸函数方法.

定理 2.9 假设 Ω 是有界区域, 满足一致外球条件, $u \in C^2(\Omega) \cap C(\overline{\Omega})$ 满足

$$\begin{cases} a_{ij}D_{ij}u + b_iD_iu = f(x,u), & x \in \Omega, \\ u(x) = \varphi(x), & x \in \partial\Omega, \end{cases}$$

$\varphi \in C^2(\overline{\Omega}), f \in C(\overline{\Omega} \times \mathbb{R})$, 则存在常数 $C(\|a_{ij}, b_i\|_{L^\infty}, \|u\|_{L^\infty}, \|\varphi\|_{C^2})$ 使得

$$|u(x) - u(x_0)| \leqslant C|x - x_0|, \quad \forall x \in \Omega, x_0 \in \partial\Omega.$$

这提供了边界的梯度估计.

证明 如果令 $u - \varphi = v$, 我们可以假设 $u|_{\partial\Omega} = 0$. 如果记 $F = \sup\limits_{\Omega}|f(x,u(x))|$, 则

$$L_0(\pm u) = \pm f(x,u) \geqslant -|F|.$$

我们需要构造 $w \geqslant 0$, 使得

$$\begin{cases} L_0(\pm u - w) \geqslant 0, & x \in \Omega, \\ \pm u(x) - w(x) \leqslant 0,\ w(x_0) = 0, & x \in \partial\Omega. \end{cases}$$

则由比较原理,

$$|u(x)| \leqslant w(x), \quad x \in \Omega.$$

此时称 w 为闸函数, 它的存在性和正则性决定了 u 的正则性质: 如果 $|\nabla w(x)| \leqslant c$, c 与 x 无关, 于是定理的结论成立.

下面构造 w: 设 $B_R(y)$ 满足 $B_R(y) \cap \Omega = \emptyset, x_0 \in \partial B_R(y) \cap \partial\Omega$, 这里 $R > 0$ 与 x_0 无关. 设

$$d(x) = |x - y| - R, \quad \forall x \in \Omega.$$

设 $w(x) = \psi(d(x))$, 这里 $\psi : [0, \infty) \to \mathbb{R}$ 满足

$$\begin{cases} \psi(0) = 0, & \Rightarrow w(x_0) = 0; \\ \psi(d) > 0, \ \forall d > 0, & \Rightarrow w|_{\partial\Omega} \geqslant 0; \\ \psi'' < 0, \psi' > 0, c \geqslant \psi'(0) > 0. \end{cases}$$

我们需要

$$L_0 w = \psi'' a_{ij} D_i d D_j d + \psi' a_{ij} D_{ij} d + \psi' b_i D_i d \leqslant -F.$$

计算

$$D_i d = \frac{x_i - y_i}{|x - y|}, \quad D_{ij} d = \frac{\delta_{ij}}{|x - y|} - \frac{(x_i - y_i)(x_j - y_j)}{|x - y|^3}.$$

$$\begin{aligned} L_0 w \quad &= \quad \psi'' a_{ij} \frac{(x_i - y_i)(x_j - y_j)}{|x - y|^2} \\ &\quad + \psi' a_{ij} \left(\frac{\delta_{ij}}{|x - y|} - \frac{(x_i - y_i)(x_j - y_j)}{|x - y|^3} \right) + \psi' b_i \frac{x_i - y_i}{|x - y|} \\ &\overset{\psi''<0, \psi'>0}{\leqslant} \quad \psi'' \lambda + \psi' \left(\frac{a_{ii} - \lambda}{|x - y|} + |b| \right) \\ &\leqslant \quad \psi'' \lambda + \psi' \left(\frac{n\Lambda - \lambda}{R} + |b| \right), \quad |b| = \sup_{\Omega} |b(x)|. \end{aligned}$$

即

$$L_0(\pm u - w) \geqslant -\lambda \left(\psi'' + \psi' \left(\frac{n\Lambda - \lambda}{R\lambda} + \frac{|b|}{\lambda} \right) + \frac{F}{\lambda} \right),$$

因此我们构造的 ψ 满足:

$$\psi'' + \psi' \left(\frac{n\Lambda - \lambda}{R\lambda} + \frac{|b|}{\lambda} \right) + \frac{F}{\lambda} = 0.$$

微分方程

$$\psi'' + a\psi' + b = 0$$

有通解

$$\psi(d) = -\frac{b}{a}d + B + Ce^{-ad}, \quad B, C \text{ 为任意常数}.$$

$\psi(0) = 0$ 隐含着

$$C = -B,$$

即

$$\psi(d) = -\frac{b}{a}d + B(1 - e^{-ad}).$$

$\psi'(d) = -\frac{b}{a} + Bae^{-ad} > 0 \Rightarrow B > \frac{be^{ad}}{a^2}$, $\psi'' = -Ba^2e^{-ad} < 0$. 我们取 $B = \frac{be^{aD}}{a^2}$, 即

$$\psi(d) = \frac{\lambda^{-1}F}{a}\left(\frac{e^{aD}}{a}\left(1 - e^{-ad}\right) - d\right),$$

这里 $a = \left(\frac{n\Lambda - \lambda}{R} + |b|\right)\lambda^{-1}, D = \operatorname{diam}(\Omega)$. 则 $|\nabla\psi| \leqslant c$. □

§2.4 Alexandroff 极值原理

这一节我们将推广经典的极值原理到强解, 特别是在 Sobolev 空间 $W^{2,n}_{loc}(\Omega)$ 中的解, 即 Alexandroff 极值原理. 假设 $\Omega \subset \mathbb{R}^n$ 是有界区域, 椭圆算子 L:

$$Lu \equiv a_{ij}(x)D_{ij}u(x) + b_i(x)u(x) + c(x)u(x) \geqslant f(x), \quad x \in \Omega,$$

这里系数 a_{ij}, b_i, c 满足

$$0 < \lambda(x) \leqslant D^* = \det(a_{ij}(x))^{\frac{1}{n}} \leqslant \Lambda(x), \quad x \in \Omega. \tag{2.5}$$

$$\frac{|\vec{b}|}{D^*}, \frac{|c|}{D^*}, \frac{f}{D^*} \in L^n(\Omega); \quad c(x) \leqslant 0, \forall x \in \Omega. \tag{2.6}$$

Alexandroff 极值原理依赖于函数法映射的几何观察.

定义 2.2 假设 $u \in C(\Omega)$, 定义 u 的上接触集 (upper contact set)

$$\Gamma^+ = \{y \in \Omega : u(x) \leqslant u(y) + p(x-y), \forall x \in \Omega, \exists p(y) \in \mathbb{R}^n\}.$$

法映射 $\chi(y) = \chi_u(y) : \Gamma^+ \to 2^{\mathbb{R}^n}$,

$$\chi(y) = \{p(y) \in \mathbb{R}^n : u(x) \leqslant u(y) + p(x-y), \forall x \in \Omega\}.$$

它有一些基本性质:

- u 是凹函数的充要条件是 $\Gamma^+ = \Omega$.
- $u \in C^1(\Omega)$, 则 $p(y) = \nabla u(y), \quad \forall y \in \Gamma^+$.
- $u \in C^2(\Omega)$, 则 $D^2u(x) \leqslant 0, \forall x \in \Gamma^+$.
- $\chi(y) \neq \emptyset \Leftrightarrow y \in \Gamma^+$.

例 2.1 $u(x)=a\left(1-\dfrac{|x-z|}{R}\right),\forall x\in B_R(z)$, 这里 $a>0$ 是常数. 则 u 的图像是顶点在 (z,a)、底为 $B_R(z)$ 的锥. $Du(y)=-\dfrac{a}{R}\dfrac{y-z}{|y-z|},\forall y\neq z$. 当 $y=z$ 时, 从

$$u(x)=a-\frac{a|x-z|}{R}=u(z)-\frac{a|x-z|}{R}\leqslant u(z)+p(x-z)$$

我们看到

$$-\frac{a}{R}\leqslant p(z)\frac{x-z}{|x-z|},\quad \forall x\in B_R(z).$$

即 $p(z)\in B_{\frac{a}{R}}(z)$.

引理 2.2 设 $u\in C^2(\Omega)\cap C(\overline{\Omega})$. 则

$$\sup_{\Omega}u\leqslant\sup_{\partial\Omega}u+\frac{\operatorname{diam}(\Omega)}{(n^{-1}\omega_n)^{\frac{1}{n}}}\left(\int_{\Gamma^+}|\det D^2u|\right)^{\frac{1}{n}}.$$

证明 可以假设 $u(x)\leqslant 0,\forall x\in\partial\Omega$. 由于 $u\in C^1$, 我们看到 $\chi(y)=Du(y)$. 因此当 $p\in\chi(y)$ 时, $y\in\Gamma^+$. 即 $\chi(\Omega)=\chi(\Gamma^+)$. 设 $\varepsilon>0$, 令 $\chi_\varepsilon=\chi_u-\varepsilon I$, 这里 I 是恒等映射, 当 $y\in\Gamma^+$ 时, $D^2u(y)\leqslant 0, D^2u(y)-\varepsilon I<0$, 即 χ_ε 可逆,

$$\begin{aligned}
\mathcal{L}^n(\chi(\Omega))&=\mathcal{L}^n(\chi(\Gamma^+))=\mathcal{L}^n(Du(\Gamma^+))\\
&=\lim_{\varepsilon\to0^+}\mathcal{L}^n(\chi_\varepsilon(\Gamma^+))\\
&=\lim_{\varepsilon\to0^+}\int_{\Gamma^+}|\det(D^2u-\varepsilon I)|dx\\
&=\int_{\Gamma^+}|\det(D^2u)|dx.
\end{aligned}$$

下面我们用 $\mathcal{L}^n(\chi(\Omega))$ 估计 u. 假设 u 在 $y\in\Omega$ 上取得正的极大值 $u(y)>0$. 设 K 是顶点在 $(y,u(y))$、底是 Ω 的锥, $k(x)$ 是 K 对应的函数. 则 $\chi_k(\Omega)\subset\chi_u(\Omega)$, 因为每个支撑 K 的超平面都有一个平行的平面与 u 的图像相切. 如果设 $\widetilde{K}$ 是顶点在 $(y,u(y))$、底为 $B_{\operatorname{diam}(\Omega)}(y)$ 的锥, 对应的函数是 $\widetilde{k}$, 则从例 2.1 我们看到 $\chi_{\widetilde{k}}(\Omega)\subset\chi_k(\Omega)$, 且

$$\frac{\omega_n}{n}\left(\frac{u(y)}{\operatorname{diam}(\Omega)}\right)^n\leqslant\int_{\Gamma^+}|\det D^2u|.$$

□

注意到矩阵不等式:

$$\det A\det B\leqslant\left(\frac{\operatorname{tr}(AB)}{n}\right)^n,\quad A^T=A,A>0,B^T=B,B>0.$$

则对任意的 $x\in\Gamma^+$,

$$|\det D^2u|\leqslant\left(\frac{-a_{ij}D_{ij}u}{nD^*}\right)^n.$$

故引理的结论是:

$$\sup_{\Omega} u \leqslant \sup_{\partial\Omega} u + \frac{\operatorname{diam}(\Omega)}{(n^{-1}\omega_n)^{\frac{1}{n}}} \left(\int_{\Gamma^+} \left(\frac{-a_{ij}D_{ij}u}{nD^*} \right)^n \right)^{\frac{1}{n}}.$$

引理 2.3 假设 $0 \leqslant g \in L_{loc}(\mathbb{R}^n)$. 则对任何 $u \in C^2(\Omega) \cap C(\overline{\Omega})$,

$$\begin{aligned} \int_{B_R(0)} g(x)dx &\leqslant \int_{\Gamma^+} g(Du)|\det D^2u| \\ &\leqslant \int_{\Gamma^+} g(Du) \left(-\frac{a_{ij}D_{ij}u}{nD^*} \right)^n, \end{aligned}$$

这里

$$R = \frac{\sup\limits_{\Omega} u - \sup\limits_{\partial\Omega} u}{\operatorname{diam}(\Omega)}.$$

证明 对非负简单函数 g 成立

$$\int_{\chi(\Omega)} g(p)dp \overset{p=Du(x)}{=} \int_{\Gamma^+} g(Du)|\det D^2u|dx.$$

由致密性, 对 $g \in L_{loc}$ 成立. 其次, 由例 2.1 和上面的证明, $B_R(0) \subset \chi_{\widetilde{k}}(\Omega) \subset \chi_u(\Omega) = \chi(\Omega)$. 因此结论成立. □

现在我们可以证明 Alexandroff 极值原理:

定理 2.10 假设 Ω 是有界区域, $u \in C(\overline{\Omega}) \cap W^{2,n}_{loc}(\Omega)$, $Lu(x) \geqslant f(x), \forall x \in \Omega$, L 是椭圆算子且 (2.6) 成立. 则

$$\sup_{\Omega} u \leqslant \sup_{\partial\Omega} u^+ + C \left\| \frac{f^-}{D^*} \right\|_{L^n(\Omega\cap\Omega^+)},$$

这里 $C\left(n, \operatorname{diam}(\Omega), \left\| \frac{\vec{b}}{D^*} \right\|_{L^n(\Omega)}\right)$.

证明 1° 假设 $u \in C^2(\Omega) \cap C(\overline{\Omega})$. 则对 $x \in \Omega^+ = \{x \in \Omega : u(x) > 0\} \cap \Gamma^+$,

$$\begin{aligned} \frac{-a_{ij}D_{ij}u}{nD^*} &\leqslant \frac{b_iD_iu + cu - f}{nD^*} \\ &\leqslant \frac{b_iD_iu - f^-}{nD^*} \\ &\leqslant \frac{|b||Du| + |f^-|}{nD^*} \\ &= \frac{1}{nD^*}(|b|, \mu^{-1}|f^-|) \cdot (|Du|, \mu) \\ &\leqslant \frac{1}{nD^*} \left(|b|^n + \mu^{-n}|f^-|^n\right)^{\frac{1}{n}} \left(|Du|^{\frac{n}{n-1}} + \mu^{\frac{n}{n-1}}\right)^{\frac{n-1}{n}}, \end{aligned}$$

即

$$\left(\frac{-a_{ij}D_{ij}u}{nD^*}\right)^n \leqslant \left(\frac{1}{nD^*}\right)^n (|b|^n + \mu^{-n}|f^-|^n)\left(|Du|^{\frac{n}{n-1}} + \mu^{\frac{n}{n-1}}\right)^{n-1}.$$

令

$$g(p) = \left(|p|^{\frac{n}{n-1}} + \mu^{\frac{n}{n-1}}\right)^{1-n},$$

则

$$\begin{aligned}\int_{B_R(0)} g &\leqslant \int_{\Gamma^+\cap\Omega^+} g(Du)\left(\frac{-a_{ij}D_{ij}u}{nD^*}\right)^n \\ &\leqslant \int_{\Gamma^+\cap\Omega^+} \frac{|b|^n + \mu^{-n}|f^-|^n}{n^n D^{*n}}.\end{aligned}$$

由 Hölder 不等式, $|p|^{\frac{n}{n-1}} + \mu^{\frac{n}{n-1}} \leqslant (|p|^n + \mu^n)^{\frac{1}{n-1}} 2^{1-\frac{1}{n-1}}$, 得到

$$g(p) \geqslant 2^{2-n}(|p|^n + \mu^n)^{-1}.$$

$$\begin{aligned}2^{2-n}\int_{B_R(0)} \frac{1}{|p|^n + \mu^n}dp &= 2^{2-n}\omega_n \int_0^R \frac{r^{n-1}}{\mu^n + r^n}dr \\ &= 2^{2-n}n^{-1}\omega_n \log\frac{\mu^n + R^n}{\mu^n} \\ &\leqslant \int_{\Gamma^+\cap\Omega^+} \frac{|b|^n + \mu^{-n}|f^-|^n}{n^n D},\end{aligned}$$

即

$$\log\left(\frac{\mu^n + R^n}{\mu^n}\right) \leqslant 2^{n-2}n^{-n+1}\omega_n^{-1}\left(\left\|\frac{b}{D^*}\right\|^n_{L^n(\Gamma^+\cap\Omega^+)} + \mu^{-n}\left\|\frac{f^-}{D^*}\right\|^n_{L^n(\Gamma^+\cap\Omega^+)}\right),$$

$$R^n \leqslant \mu^n\left(\exp\left\{2^{n-2}n^{-n+1}\omega_n^{-1}\left(\left\|\frac{b}{D^*}\right\|^n_{L^n(\Gamma^+\cap\Omega^+)} + \mu^{-n}\left\|\frac{f^-}{D^*}\right\|^n_{L^n(\Gamma^+\cap\Omega^+)}\right)\right\} - 1\right).$$

如果 $f^- \not\equiv 0$, 取 $\mu = \left\|\frac{f^-}{D^*}\right\|_{L^n(\Gamma^+\cap\Omega^+)}$ 即可. 如果 $f^- \equiv 0$, 令 $\mu \to 0^+$, 则 $R = 0$.

2° 假设 L 是一致椭圆, 且 $\sup\limits_{\Omega}\frac{|b(\vec{x})|}{\lambda(x)} \leqslant M$. $\forall\varepsilon > 0$, 存在 $\{u_m\} \in C^2(\Omega)$ 和 $\Omega_\varepsilon \subset \Omega$ 使得 $\mathcal{L}^n(\Omega - \Omega_\varepsilon) < \varepsilon$, 且 $u_m(x) \leqslant \varepsilon + \sup\limits_{\Omega} u, \forall x \in \partial\Omega_\varepsilon$;

$$\alpha_m = \|u_m - u\|_{C(\overline{\Omega}_\varepsilon)} \to 0, \quad \|u_m - u\|_{W^{2,n}(\Omega_\varepsilon)} \to 0.$$

由于

$$Lu_m \geqslant L(u_m - u) + f,$$

由 1°, 我们得到

$$\sup_{\Omega_\varepsilon} u_m \leqslant \varepsilon + \sup_{\partial\Omega} u + C\|(D^*)^{-1}\left(a_{ij}D_{ij}(u_m-u)+b_iD_i(u_m-u)\right)\|_{L^n(\Omega_\varepsilon)}$$
$$+C\left\|\frac{f^-}{D^*}\right\|_{L^n(\Omega_\varepsilon)} + C\left\|\frac{c}{D^*}\right\|_{L^n}\alpha_m.$$

注意到 $|a_{ij}|\leqslant\Lambda$, 我们看到

$$\|(D^*)^{-1}\left(a_{ij}D_{ij}(u_m-u)+b_iD_i(u_m-u)\right)\|_{L^n(\Omega_\varepsilon)}$$
$$\leqslant C(\sup_{\Omega}(\Lambda/\lambda)+M)\|u_m-u\|_{W^{2,n}(\Omega_\varepsilon)}\to 0.$$

取极限 $m\to\infty$, 我们得到:

$$\sup_{\Omega_\varepsilon} u \leqslant \varepsilon + \sup_{\partial\Omega} u + C\left\|\frac{f^-}{D^*}\right\|_{L^n(\Omega_\varepsilon)},$$

这里 C 依赖于 $\left\|\dfrac{\vec{b}}{D^*}\right\|_{L^n(\Omega_\varepsilon)}$. 令 $\varepsilon\to 0$ 即可.

3° 去掉 L 的限制. 设 $\eta>0$, 定义

$$L_\eta = \eta(\Lambda(x)+|b|(x))\Delta + L.$$

则主部 $a_{ij}(x)+\delta_{ij}\eta(\Lambda(x)+|b(x)|)$ 满足

$$\lim_{\frac{\Lambda+|b|}{\lambda}\to\infty}\frac{\Lambda(x)+\eta(\Lambda(x)+|b(x)|)}{\lambda(x)+\eta(\Lambda(x)+|b(x)|)}\leqslant 1+\frac{1}{\eta}.$$

一次部分系数满足

$$\lim_{\frac{\Lambda+|b|}{\lambda}\to\infty}\frac{|b(x)|}{\lambda(x)+\eta(\Lambda(x)+|b(x)|)}\leqslant\eta^{-1}.$$

即 L_η 是一致椭圆的, 且 $\dfrac{|b(x)|}{\lambda(x)+\eta(\Lambda(x)+|b(x)|)}\leqslant\eta^{-1}$. 于是由于

$$L_\eta u = Lu+\eta(\Lambda+|b|)\Delta u\geqslant f+\eta(\Lambda+|b|)\Delta u,$$

$$\sup_{\Omega_\varepsilon} u\leqslant\varepsilon+\sup_{\partial\Omega} u + C\left\|\frac{\eta(\Lambda+|b|)\Delta u}{D^*_\eta}\right\|_{L^n(\Omega_\varepsilon)} + C\left\|\frac{f^-}{D^*_\eta}\right\|_{L^n(\Omega_\varepsilon)}.$$

这里 C 依赖于 $\left\|\dfrac{\vec{b}}{D^*_\eta}\right\|_{L^n(\Omega_\varepsilon)}$, $\dfrac{\eta(\Lambda+|b|)}{D^*_\eta}\leqslant\dfrac{\eta(\Lambda+|b|)}{\lambda+\eta(\Lambda+|b|)}\leqslant 1$,

$$D^*_\eta = \det\left(a_{ij}+\eta(\Lambda+|b|)\delta_{ij}\right)^{\frac{1}{n}}\to D^*,\quad \eta\to 0,$$

由控制收敛定理, 令 $\eta\to 0$, 再令 $\varepsilon\to 0$ 即可. □

下面应用 Alexandroff 极值原理到非线性椭圆型方程或完全非线性椭圆型方程.

定理 2.11　假设 $u \in C^2(\Omega) \cap C(\overline{\Omega})$,

$$Q(u) \equiv a_{ij}(x,u,Du)D_{ij}u + b(x,u,Du) = 0, \quad x \in \Omega,$$

$a_{ij} \in C(\Omega, \mathbb{R}, \mathbb{R}^n)$ 满足

$$a_{ij}(x,z,p)\xi_i\xi_j > 0, \quad \forall (x,z,p), \xi \in \mathbb{R}^n.$$

假设存在两个非负函数 $g \in L^n_{loc}(\mathbb{R}^n)$ 和 $h \in L^n(\Omega)$ 使得

$$\frac{|b(x,z,p)|}{nD^*} \leqslant \frac{h(x)}{g(p)}, \quad \forall (x,z,p) \in (\Omega, \mathbb{R}, \mathbb{R}^n),$$

$$\int_\Omega h^n(x)dx < \int_{\mathbb{R}^n} g^n(p)dp \equiv g_\infty,$$

则存在常数 C 依赖于 g, h 使得

$$\sup_\Omega |u| \leqslant \sup_{\partial\Omega} |u| + C\mathrm{diam}\,(\Omega).$$

证明　假设 $Q(u) \geqslant 0$, 则

$$-a_{ij}D_{ij}u \leqslant b, \quad x \in \Omega.$$

由于

$$D_{ij}u(x) \leqslant 0, \quad x \in \Gamma^+,$$

则

$$-a_{ij}D_{ij}u \geqslant 0, \quad x \in \Gamma^+.$$

这说明

$$b \geqslant 0, \quad x \in \Gamma^+.$$

$$\begin{aligned}\int_{B_R(0)} g^n &\leqslant \int_{\Gamma^+\cap\Omega^+} g^n(Du)\left(\frac{-a_{ij}D_{ij}u}{nD^*}\right)^n \\ &\leqslant \int_{\Gamma^+\cap\Omega^+} g^n(Du)\left(\frac{b}{nD^*}\right)^n \\ &\leqslant \int_{\Gamma^+\cap\Omega^+} h^n(x)dx.\end{aligned}$$

于是 R 必然有限, 即

$$\sup_\Omega u \leqslant \sup_{\partial\Omega} u^+ + C\mathrm{diam}\,(\Omega).$$

由于 $-u$ 满足

$$a_{ij}(x,u,Du)D_{ij}(-u) - b(x,u,Du) = 0,$$

同样的结论用于 $-u$, 得到

$$\sup_{\Omega}(-u) \leqslant \sup_{\partial\Omega}(-u)^+ + C\mathrm{diam}\,(\Omega).$$

注意到 $(-u)^+ = -u^-, |u| = u^+ - u^-$. □

例 2.2 假设 $u \in C^2(\Omega) \cap C(\overline{\Omega})$ 满足平均曲率方程

$$(1+|Du|^2)\Delta u - D_iuD_juD_{ij}u = nH(x)(1+|Du|^2)^{3/2},$$

$H \in C(\Omega)$. 则 $a_{ij} = (1+|p|^2)\delta_{ij} - p_ip_j, b = -nH(x)(1+|Du|^2)^{3/2}, D = (1+|Du|^2)^{n-1}$. 于是

$$\frac{|b|}{nD^*} = |H(x)|(1+|Du|^2)^{\frac{n+2}{2n}}, \quad h(x) = |H(x)|, \quad g(p) = (1+|p|^2)^{-\frac{n+2}{2n}}.$$

如果

$$H_0 = \int_\Omega |H(x)|^n dx < \int_{\mathbb{R}^n} \frac{dp}{(1+|p|^2)^{\frac{n+2}{2}}} = C_0,$$

则存在 $C(H_0, C_0)$ 使得

$$\sup_\Omega |u| \leqslant \sup_{\partial\Omega} |u| + C\mathrm{diam}(\Omega).$$

例 2.3 假设 $u \in C^2(\Omega) \cap C(\overline{\Omega})$ 满足 Monge-Ampére 方程

$$\det(D^2u) = f(x,u,Du), \quad x \in \Omega,$$

这里 f 连续. 假设存在 $0 \leqslant h \in L^1(\Omega), 0 \leqslant g(p) \in L^1_{loc}(\mathbb{R}^n)$, 使得

$$|f(x,u,p)| \leqslant \frac{h(x)}{g(p)}, \quad \int_\Omega h(x)dx < \int_{\mathbb{R}^n} g(p)dp \equiv g_\infty.$$

则存在 $C(h,g)$ 使得

$$\sup_\Omega |u| \leqslant \sup_{\partial\Omega} |u| + C\mathrm{diam}(\Omega).$$

证明 由引理 2.3,

$$\begin{aligned}\int_{B_R(0)} g(x)dx &\leqslant \int_{\Gamma^+} g(Du)|\det D^2u| \\ &\leqslant \int_{\Gamma^+} g(Du)|f(x,u,Du)| \\ &\leqslant \int_\Omega h(x)dx < g_\infty,\end{aligned}$$

于是

$$R = \frac{\sup\limits_{\Omega} u - \sup\limits_{\partial\Omega} u}{\operatorname{diam}(\Omega)}$$

有限. 对 $-u$ 有同样的结论, 我们完成证明.

当 $f(x,u,p) = f(x)$ 时, 即

$$\det(D^2u) = f(x), \quad x \in \Omega.$$

取 $g \equiv 1$,

$$\sup_{\Omega} |u| \leqslant \sup_{\partial\Omega} |u| + \frac{\operatorname{diam}(\Omega)}{(n^{-1}\omega_n)^{\frac{1}{n}}} \left(\int_{\Omega} |f| \right)^{\frac{1}{n}}. \qquad \square$$

下面的定理是 Varadhan 的所谓小体积极值原理.

定理 2.12 假设 $u \in C(\overline{\Omega}) \cap W^{2,n}_{loc}(\Omega)$ 满足

$$Lu \equiv a_{ij}(x)D_{ij} + b_iD_iu + c(x)u \geqslant 0, \quad x \in \Omega; \quad u(x) \leqslant 0, \quad x \in \partial\Omega.$$

L 在 Ω 中是椭圆算子,

$$\frac{|\vec{b}|}{D^*}, \frac{|c|}{D^*} \in L^n(\Omega).$$

如果对充分小的 $\delta > 0$, $\left\| \frac{c^+}{D^*} \right\|_{L^n(\Omega)} < \delta$, 则 $u(x) \leqslant 0, x \in \Omega$.

特别: (1) 如果 $c \leqslant 0$, 则 $u(x) \leqslant 0, x \in \Omega$. (2) 如果 $\sup\limits_{\Omega} \frac{c^+}{D^*}$ 有界, 当 Ω 的体积充分小, 即 $\mathcal{L}^n(\Omega) \leqslant \delta$ 时, $u(x) \leqslant 0, x \in \Omega$.

证明 由于

$$a_{ij}D_{ij}u + b_iD_iu + c^-u \geqslant -c^+u,$$

由定理 2.10,

$$\sup_{\Omega} u \leqslant C \left\| \frac{c^+(-u)^-}{D^*} \right\|_{L^n(\Omega)} \leqslant C \sup_{\Omega} u^+ \left\| \frac{c^+}{D^*} \right\|_{L^n(\Omega)} \leqslant \frac{1}{2} \sup_{\Omega} u^+. \qquad \square$$

§2.5 移动平面法

移动平面法是 Gidas-Ni-Nirenberg 运用移动平面和极值原理研究椭圆型方程正解的对称性质的重要方法, 有着极为广泛的应用.

引理 2.4 假设 Ω 是有界区域, 且关于 x_1 方向是凸的和对称的 (对称面 $x_1=0$). 假设 $u\in C^2(\Omega)\cap C(\overline{\Omega}), u(x)>0, \forall x\in\Omega$, 满足

$$\begin{cases}\Delta u+f(u)=0, & x\in\Omega,\\ u(x)=0, & x\in\partial\Omega,\end{cases}$$

这里 f 是 Lipschitz 函数. 则 u 关于 x_1 对称, 且 $\dfrac{\partial u}{\partial x_1}(x)<0, \forall x=(x_1,\cdots,x_n)\in\Omega,\ x_1>0$.

证明 设

$$a=\sup_{(x_1,y)\in\Omega}x_1.$$

定义

$$\begin{cases}\Sigma_\lambda=\{x\in\Omega: x_1>\lambda\},\\ T_\lambda=\{x_1=\lambda\},\\ \Sigma'_\lambda=\{(x_1,x')\in\Omega:(x_1+2(\lambda-x_1),x')=(2\lambda-x_1,x')\in\Sigma_\lambda\}.\end{cases}$$

记

$$x_\lambda=(2\lambda-x_1,x_2,\cdots,x_n)=(2\lambda-x_1,x').$$

$$w_\lambda(x)=u(x)-u(x_\lambda),\quad x\in\Sigma_\lambda.$$

则由 u 的方程及边界条件和 $u(x)>0, x\in\Omega$,

$$\begin{cases}\Delta w_\lambda=f(u(x_\lambda)-f(u(x))=-c(x,\lambda)w_\lambda(x), & x\in\Sigma_\lambda,\\ w_\lambda(x)\leqslant 0, w_\lambda(x)\not\equiv 0, & x\in\partial\Sigma_\lambda.\end{cases}$$

断言: $w_\lambda(x)<0, x\in\Sigma_\lambda, \forall\lambda\in(0,a)$.

事实上, 当 λ 充分靠近 a 时用窄域中的极值原理, $w_\lambda(x)<0,\forall x\in\Sigma_\lambda$. 设 (λ_0,a) 是最大的区间: $w_\lambda(x)<0,\forall x\in\Sigma_\lambda,\lambda\in(\lambda_0,a)$. 如果 $\lambda_0>0$, 由连续性, $w_{\lambda_0}(x)\leqslant 0,\forall x\in\Sigma_{\lambda_0}$, 并且 $w_{\lambda_0}(x)\not\equiv 0,\forall x\in\partial\Sigma_{\lambda_0}$. 那么由 Serrin 的极值原理, $w_{\lambda_0}(x)<0,\ \forall x\in\Sigma_{\lambda_0}$. 现在对任意给定的 $\eta>0$, 存在一个紧集 $K\subset\Sigma_{\lambda_0}$ 和 $\delta>0$, 使得

$$\mathcal{L}^n(\Sigma_{\lambda_0}\backslash K)<\frac{\eta}{2};\quad w_{\lambda_0}(x)\leqslant-\delta,\quad\forall x\in K.$$

$w_\lambda(x),\Sigma_\lambda$ 关于 λ 的连续性隐含着存在 $\varepsilon>0,\lambda_0-\varepsilon>0$,

$$w_{\lambda_0-\varepsilon}(x)\leqslant-\frac{\delta}{2},\ x\in K,$$

而且体积

$$\mathcal{L}^n(\Sigma_{\lambda_0-\varepsilon}\backslash K) < \eta.$$

注意到 $w_{\lambda_0-\varepsilon}(x)$ 满足的边界条件和方程, 在 $\partial(\Sigma_{\lambda_0-\varepsilon}\backslash K)$ 上,

$$w_{\lambda_0-\varepsilon}(x) \leqslant 0 : w_{\lambda_0-\varepsilon}(x) \leqslant 0, x \in \partial\Sigma_{\lambda_0-\varepsilon} \cup \partial K.$$

Varadhan 的小体积极值原理隐含着

$$w_{\lambda_0-\varepsilon}(x) \leqslant 0, \quad x \in \Sigma_{\lambda_0-\varepsilon}\backslash K.$$

再一次用 Serrin 的极值原理,

$$w_{\lambda_0-\varepsilon}(x) < 0, \quad x \in \Sigma_{\lambda_0-\varepsilon}\backslash K.$$

于是

$$w_{\lambda_0-\varepsilon}(x) < 0, \quad x \in \Sigma_{\lambda_0-\varepsilon}.$$

这与 λ_0 的定义矛盾! 因此断言成立.

最后, 由于

$$w_\lambda(x) < 0, \quad x \in \Sigma_\lambda; \quad w_\lambda(x) = 0,\ x \in T_\lambda,$$

Hopf 引理 2.1 隐含着

$$\partial_{x_1} w_\lambda(x)|_{T_\lambda} = 2\partial_{x_1} u|_{T_\lambda} = 2\partial_{x_1} u(\lambda, x') < 0.$$

特别地, $w_0(x) \leqslant 0$, 即

$$u(x_1, x') \leqslant u(-x_1, x'), \quad \forall x_1 > 0.$$

改变 x_1 的方向: $x_1 \to -x_1$, 得到同样的方程和边界条件, 因此

$$u(-x_1, x') \leqslant u(x_1, x'), \forall x_1 > 0.$$

即

$$u(x_1, x') = u(-x_1, x'), \quad \forall x_1 > 0. \qquad \square$$

下面的定理是这个引理的直接推论:

定理 2.13　假设 $u \in C^2(B) \cap C(\overline{B}), u(x) > 0, \forall x \in B$ 满足

$$\begin{cases} \Delta u + f(u) = 0, & x \in B, \\ u(x) = 0, & x \in \partial B, \end{cases}$$

f 为 Lipschitz 连续. 则 u 是径向对称的, 并且 $\dfrac{du}{dr}(x) < 0, \forall x \neq 0$.

习　题　2

1. 假设 Ω 有界, $\partial\Omega$ 满足内球条件, $u \in C^2(\Omega) \cap C^1(\overline{\Omega})$ 满足 $Lu(x) = 0, x \in \Omega$, 斜微商边界条件

$$\alpha(x)u + \sum_i \beta_i(x) D_i u(x) = 0, \quad x \in \partial\Omega,$$

这里 L 的系数满足定理 2.2 的条件, $\alpha > 0, \beta \cdot \nu > 0, \nu$ 是外法向量. 证明 $u \equiv 0$.

2. 设 $u \in C^2(B_1) \bigcap C^1(\bar{B_1})$ 满足

$$\Delta u(x) = f(x), \quad x \in B_1, \qquad u(x) = 0, \quad x \in \partial B_1.$$

证明

$$\left| \frac{\partial u}{\partial n}(x) \right| \leqslant \frac{1}{n} \|f\|_{L^\infty(\partial B_1)}, \quad x \in \partial B_1.$$

3. 设 $u \in C^2(\Omega), u > 0$ 是方程 $Lu = 0$ 的解, L 的系数满足定理 2.2 的条件, 设 $B_R(x_0) \subset \Omega$. 证明存在常数 $K = K\left(\sup \dfrac{\Lambda}{\lambda}, M\right)$,

$$Ku(x_0) \leqslant u(x) \leqslant K^{-1}u(x_0), \quad x \in B_{R/4}(x_0).$$

4. 设 $u \in C^2(\Omega) \cap C^0(\overline{\Omega})$ 满足

$$Lu = a_{ij}(x) D_{ij} u + b_i(x) D_i u + cu = f, \quad c \leqslant 0,$$

$a_{ij}(x)\xi_i\xi_j \geqslant \lambda|\xi|^2, x \in \Omega, \xi \in \mathbb{R}^n, |a_{ij}|, |b_i|, |c| \leqslant M$. 设 $\Omega \in C^1, x_0 \in \partial\Omega$ 满足外球条件: $\overline{B_R(y)} \cap \overline{\Omega} = x_0$. 如果 $u(x) = \varphi(x), x \in \partial\Omega$, 这里 $\varphi \in C^2(\overline{\Omega})$, 证明存在 $K(\lambda, M, \mathrm{diam}\Omega, R, \sup|f|, \|\varphi\|_{C^2(\overline{\Omega})})$,

$$|u(x) - u(x_0)| \leqslant K|x - x_0|, \quad x \in \Omega.$$

如果去掉 $c \leqslant 0$ 的限制, 同样的结论成立, 但 K 依赖于 $\sup|u|$.

5. 设 $g \in L^1(\mathbb{R}^n)$, $u \in C^2(\Omega)$, 证明

$$\int_{\chi(\Omega)} g(p)dp = \int_{\Gamma^+} g(Du)|\det D^2 u| dx.$$

第三章 L^p 理论

椭圆型方程的 L^p 理论, 是由 A. E. Koševelev [Ko] 和 D. Greco [Gr] 发现的, 它描述了椭圆型方程的广义解在 Sobolev 框架下的重要性质.

§3.1 插值定理

这一节主要是调和分析方面的内容.

定义 3.1 设 (X,μ) 是测度空间, 对于 X 上的可测函数 f, 定义它的分布函数

$$d_f : [0,\infty) \to [0,\infty), \quad d_f(t) = \mu\left(\{x \in X : |f(x)| > t\}\right).$$

引理 3.1 如果 $f \in L^p(X,\mu)$, $0 < p < \infty$, 则

$$\|f\|_{L^p}^p = p\int_0^\infty t^{p-1} d_f(t)dt.$$

证明

$$\begin{aligned}
p\int_0^\infty t^{p-1} d_f(t)dt &= p\int_0^\infty t^{p-1}\int_X \chi_{\{x:|f(x)|>t\}} d\mu(x)dt \\
&= \int_X \int_0^{|f(x)|} pt^{p-1} dt d\mu(x) \\
&= \int_X |f(x)|^p d\mu(x).
\end{aligned}$$

□

定义 3.2 $L^p(X,\mu)$ 的弱空间 $L^{p,\infty}(X,\mu)$, $0<p<\infty$ 定义为所有 μ 可测函数 f, 使得

$$\begin{aligned}\|f\|_{L^{p,\infty}} &= \inf\left\{c>0 : d_f(t)\leqslant\left(\frac{c}{t}\right)^p,\ \forall t>0\right\}\\ &= \sup\left\{td_f(t)^{\frac{1}{p}}:\ t>0\right\}\end{aligned}$$

有限. 弱 -$L^\infty(X,\mu)$ 由 $L^\infty(X,\mu)$ 定义.

由 Chebychev 定理, 我们有

引理 3.2 如果 $f\in L^p(X,\mu)$, 则 $\|f\|_{L^{p,\infty}}\leqslant\|f\|_{L^p}$. 因此 $L^p(X,\mu)\subset L^{p,\infty}(X,\mu)$. 这里 $0<p<\infty$.

定理 3.1 (Marcinkiewicz 插值) 假设 (X,μ) 和 (Y,ν) 是两个可测函数空间, p_0,p_1 满足 $0<p_0<p_1\leqslant\infty$.

$$T:L^{p_0}(X,\mu)+L^{p_1}(X,\mu)\to(Y,\nu)$$

是次线性的: $|T(f+g)|\leqslant|Tf|+|Tg|, T(\lambda f)=|\lambda||Tf|$, 且存在两个正数 A_0,A_1 使得

$$\|T(f)\|_{L^{p_0,\infty}(Y)}\leqslant A_0\|f\|_{L^{p_0}(X)},\quad \forall f\in L^{p_0}(X),$$

$$\|T(f)\|_{L^{p_1,\infty}(Y)}\leqslant A_1\|f\|_{L^{p_1}(X)},\quad \forall f\in L^{p_1}(X).$$

则对所有 $p_0<p<p_1$ 和所有 $f\in L^p(X)$, 我们有估计

$$\|T(f)\|_{L^p(Y)}\leqslant A\|f\|_{L^p(X)},$$

这里

$$A=2\left(\frac{p}{p-p_0}+\frac{p}{p_1-p}\right)^{\frac{1}{p}}A_0^{\frac{\frac{1}{p}-\frac{1}{p_1}}{\frac{1}{p_0}-\frac{1}{p_1}}}A_1^{\frac{\frac{1}{p_0}-\frac{1}{p}}{\frac{1}{p_0}-\frac{1}{p_1}}}.$$

证明 假设 $p_1<\infty$. 固定 $f\in L^p(X)$ 和 $t>0$. 分裂 f 成为

$$f=f_0^t+f_1^t,$$

$$f_0^t=\begin{cases}f(x), & |f(x)|>at,\\ 0, & |f(x)|\leqslant at,\end{cases}\quad \text{无界部分},$$

$$f_1^t=\begin{cases}f(x), & |f(x)|\leqslant at,\\ 0, & |f(x)|>at,\end{cases}\quad \text{有界部分},$$

这里 $a>0$ 稍后决定. 现在

$$\|f_0^t\|_{L^{p_0}}^{p_0}=\int_{|f|>at}|f|^p|f|^{p_0-p}d\mu(x)\leqslant(at)^{p_0-p}\|f\|_{L^p}^p,$$

$$\|f_1^t\|_{L^{p_1}}^{p_1}=\int_{|f|<at}|f|^p|f|^{p_1-p}d\mu(x)\leqslant(at)^{p_1-p}\|f\|_{L^p}^p.$$

由于

$$|T(f)|\leqslant|T(f_0^t)|+|T(f_1^t)|,$$

这隐含着

$$\{x:|T(f)(x)|>t\}\subset\left\{x:|T(f_0^t)(x)|>\frac{t}{2}\right\}\cup\left\{x:|T(f_1^t)(x)|>\frac{t}{2}\right\}.$$

即

$$d_{T(f)}(t)\leqslant d_{T(f_0^t)}\left(\frac{t}{2}\right)+d_{T(f_1^t)}\left(\frac{t}{2}\right).$$

由于 $f_0^t\in L^{p_0}(X)$, 并且

$$\|T(f_0^t)\|_{L^{p_0,\infty}(Y)}\leqslant A_0\|f_0^t\|_{L^{p_0}(X)},$$

我们有

$$\frac{t}{2}d_{T(f_0^t)}\left(\frac{t}{2}\right)^{\frac{1}{p_0}}\leqslant\|T(f_0^t)\|_{L^{p_0,\infty}(Y)}\leqslant A_0\|f_0^t\|_{L^{p_0}(X)},$$

即

$$d_{T(f_0^t)}\left(\frac{t}{2}\right)\leqslant\frac{A_0^{p_0}}{(t/2)^{p_0}}\int_{|f|>at}|f(x)|^{p_0}d\mu(x).$$

类似地,

$$d_{T(f_1^t)}\left(\frac{t}{2}\right)\leqslant\frac{A_1^{p_1}}{(t/2)^{p_1}}\int_{|f|\leqslant at}|f(x)|^{p_1}d\mu(x).$$

于是

$$\begin{aligned}\|T(f)\|_{L^p}^p&=p\int_0^\infty t^{p-1}d_{T(f)}(t)dt\\&\leqslant p(2A_0)^{p_0}\int_0^\infty t^{p-1}t^{-p_0}\int_{|f|>at}|f(x)|^{p_0}d\mu(x)dt\\&\quad+p(2A_1)^{p_1}\int_0^\infty t^{p-1}t^{-p_1}\int_{|f|\leqslant at}|f(x)|^{p_1}d\mu(x)dt\end{aligned}$$

$$
\begin{aligned}
&= p(2A_0)^{p_0}\int_X |f(x)|^{p_0}\int_0^{\frac{|f(x)|}{a}} t^{p-1-p_0}dtd\mu(x)\\
&\quad + p(2A_1)^{p_1}\int_X |f(x)|^{p_1}\int_{\frac{|f(x)|}{a}}^{\infty} t^{p-1-p_1}dtd\mu(x)\\
&= \frac{p(2A_0)^{p_0}}{p-p_0}\frac{1}{a^{p-p_0}}\int_X |f(x)|^p d\mu(x)\\
&\quad + \frac{p(2A_1)^{p_1}}{p_1-p}\frac{1}{a^{p-p_1}}\int_X |f(x)|^p d\mu(x)\\
&= \left(\frac{p(2A_0)^{p_0}}{p-p_0}\frac{1}{a^{p-p_0}} + \frac{p(2A_1)^{p_1}}{p_1-p}\frac{1}{a^{p-p_1}}\right)\|f\|_{L^p}^p.
\end{aligned}
$$

取 $a>0$ 使得

$$\frac{(2A_0)^{p_0}}{a^{p-p_0}} = \frac{(2A_1)^{p_1}}{a^{p-p_1}}.$$

当 $p_1=\infty$ 时, 取适当的 a 使得

$$\|T(f_1^t)\|_{L^\infty} \leqslant A_1\|f_1^t\|_{L^\infty} \leqslant A_1 at = \frac{t}{2},$$

则

$$\mu\left(\left\{x : |T(f_1^t)| > \frac{t}{2}\right\}\right) = 0.$$

故

$$d_{T(f)}(t) \leqslant d_{T(f_0^t)}\left(\frac{t}{2}\right),$$

且

$$d_{T(f_0^t)}\left(\frac{t}{2}\right) \leqslant \frac{A_0^{p_0}}{(t/2)^{p_0}}\int_{|f|>at} |f(x)|^{p_0}d\mu(x). \qquad \square$$

§3.2 有界平均振荡空间

定义 3.3 如果 $f\in L_{loc}(\mathbb{R}^n)$ 满足

$$\|f\|_{BMO} = \sup_Q \frac{1}{|Q|}\int_Q |f(x)-\overline{f_Q}|dx < \infty,$$

这里 $\overline{f_Q} = \frac{1}{|Q|}\int_Q fdx = \overline{f}_Q$, 则称 f 是有界平均振荡函数, 其全体记为 $BMO(\mathbb{R}^n)$.

BMO 有下面一些基本性质:

命题 3.1 (1) 如果 $\|f\|_{BMO}=0$, 则 f 是常数.
(2) $L^\infty(\mathbb{R}^n)\subset BMO(\mathbb{R}^n)$, $\|f\|_{BMO}\leqslant 2\|f\|_{L^\infty(\mathbb{R}^n)}$.

(3) 假设存在常数 A 满足: 对所有立方体 Q, 存在常数 c_Q, 使得

$$\sup_Q \frac{1}{|Q|}\int_Q |f(x)-c_Q|dx \leqslant A.$$

则 $f\in BMO(\mathbb{R}^n)$ 而且 $\|f\|_{BMO}\leqslant 2A$.

(4) 对所有局部可积函数 f, 有

$$\frac{1}{2}\|f\|_{BMO}\leqslant \sup_Q \frac{1}{|Q|}\inf_{c_Q}\int_Q |f(x)-c_Q|dx \leqslant \|f\|_{BMO}.$$

(5) 在平移和伸缩变换下 BMO 范数不变.

(6) $f\in BMO(\mathbb{R}^n)$, 则 $|f|\in BMO(\mathbb{R}^n)$. 如果 $f,g\in BMO$, 则 $\max(f,g)$, $\min(f,g)\in BMO$. BMO 是格.

(7)

$$\|f\|_{BMO_{balls}}=\sup_B \frac{1}{|B|}\int_B |f(x)-\overline{f_B}|dx,$$

这里 $B\subset\mathbb{R}^n$ 是球. 则

$$c_n\|f\|_{BMO}\leqslant \|f\|_{BMO_{balls}}\leqslant C_n\|f\|_{BMO}.$$

证明 根据 BMO 函数的定义: (1) 对任意的立方体 Q,Q', $f(x)=c_Q=c_{Q'}$, 即 f 是常数. (2) 是显然的. (3) 由于

$$\begin{aligned}|f-\overline{f}_Q| &\leqslant |f-c_Q|+|c_Q-\overline{f_Q}|\\ &\leqslant |f-c_Q|+\frac{1}{|Q|}\int_Q|f-c_Q|,\end{aligned}\tag{3.1}$$

所以 $\|f\|_{BMO}\leqslant 2A$. (4) 在 (3.1) 两边取积分平均, 再关于 c_Q 取极小, 我们得到

$$\frac{1}{|Q|}\int_Q |f(x)-\overline{f_Q}|\leqslant \frac{2}{|Q|}\inf_{c_Q}\int_Q|f-c_Q|.$$

(6) 由于 $\left||f|-\overline{|f|_Q}\right|\leqslant |f-\overline{f_Q}|$, 从积分的定义得到证明. □

例 3.1 $\log|x|\in BMO(\mathbb{R}^n)$, 但是 $\log|x|\notin L^\infty(\mathbb{R}^n)$.

证明 由命题 3.1(3), 我们需要证明: 存在常数 A, 对每个 $x_0\in\mathbb{R}^n$ 和 $R>0$, 存在 $C_{x_0,R}$, 使得

$$\frac{1}{|B_R(x_0)|}\int_{B_R(x_0)} |\log|x|-C_{x_0,R}|dx\leqslant A.$$

如果对任意的 x_0 和 $R=1$, 找到了 $C_{x_0,1}$ 使得积分平均一致有界, 那么对任意的 $R>0$, 从

$$\begin{aligned}
&\frac{n}{\omega_n}\int_{B_1(x_0)}|\log|x|-C_{x_0,1}|dx\\
\overset{x=zR^{-1}}{=}\ &\frac{n}{\omega_n R^n}\int_{B_R(Rx_0)}|\log|z|-C_{x_0,1}-\log R|dz\\
=\ &\frac{n}{\omega_n R^n}\int_{B_R(Rx_0)}|\log|z|-C_{Rx_0,R}|dz,
\end{aligned}$$

这里 $C_{Rx_0,R}=C_{x_0,1}-\log R$, 由于 x_0 的任意性, 结论成立.

现在取

$$C_{x_0,1}=\begin{cases}0, & |x_0|\leqslant 2,\\ \log|x_0|, & |x_0|>2.\end{cases}$$

有

$$\int_{B_1(x_0)}|\log|x|-C_{x_0,1}|\leqslant\begin{cases}\displaystyle\int_{B_3(0)}|\log|x||\leqslant C, & |x_0|\leqslant 2,\\ \displaystyle\int_{B_1(x_0)}\left|\log\frac{|x|}{|x_0|}\right|\leqslant C, & |x_0|>2.\end{cases}$$ □

例 3.2 $h(x)=\chi_{x>0}\log\dfrac{1}{x}$ 不在 $BMO(\mathbb{R})$ 中.

证明 设 $\dfrac{1}{2}>a>0$,

$$\frac{1}{2a}\int_{-a}^{a}h(x)dx=\frac{1}{2a}\int_{0}^{a}(-\log x)dx=\frac{1-\log a}{2},$$

而当 $a\to+0$ 时,

$$\frac{1}{2a}\int_{-a}^{a}|h(x)-\overline{h}_{[-a,a]}|\geqslant\frac{1}{2a}\int_{-a}^{0}|\overline{h}_{[-a,a]}|=\frac{1-\log a}{4}\to+\infty.$$ □

命题 3.2 (1) 设 $f\in BMO(\mathbb{R}^n)$, 则对给定的球 B 和 m,

$$|\overline{f}_B-\overline{f}_{2^mB}|\leqslant 2^n m\|f\|_{BMO}.$$

(2) 对给定的 $\delta>0$, 存在常数 $C_{\delta,n}>0$ 使得

$$\int_{\mathbb{R}^n}\frac{|f(x)-\overline{f}_{B_1(0)}|}{(1+|x|)^{n+\delta}}dx\leqslant C_{\delta,n}\|f\|_{BMO}.$$

(3) 存在常数 $C_n>0$ 使得对所有 $f\in BMO(\mathbb{R}^n)$ 成立

$$\sup_{y\in\mathbb{R}^n}\sup_{t>0}\int_{\mathbb{R}^n}|f(x)-(P_t*f)(y)|P_t(x-y)dx\leqslant C_n\|f\|_{BMO}.$$

这里 P_t 表示 Poisson 核:

$$P_t(x) = \frac{c_n t}{(t^2+|x|^2)^{\frac{n+1}{2}}}, \quad c_n = \frac{\Gamma\left(\frac{n+1}{2}\right)}{\pi^{\frac{n+1}{2}}}.$$

(4) 反之, 存在一个常数 C_n' 使得对所有局部可积函数 f:

$$\int_{\mathbb{R}^n} \frac{|f(x)|}{(1+|x|)^{n+1}} dx < \infty,$$

成立:

$$C_n'\|f\|_{BMO} \leqslant \sup_{y\in\mathbb{R}^n} \sup_{t>0} \int_{\mathbb{R}^n} |f(x) - (P_t * f)(y)| P_t(x-y) dx.$$

证明 (1) 由于

$$\begin{aligned}|\overline{f}_B - \overline{f}_{2B}| &= \frac{1}{|B|}\left|\int_B (f - \overline{f}_{2B})\right| \\ &\leqslant \frac{2^n}{|2B|}\int_{2B} |f - \overline{f}_{2B}| \leqslant 2^n \|f\|_{BMO},\end{aligned}$$

反复利用这个不等式,

$$|\overline{f}_B - \overline{f}_{2^m B}| \leqslant 2^n m \|f\|_{BMO}.$$

(2)

$$\begin{aligned}&\int_{\mathbb{R}^n} \frac{|f(x)-\overline{f}_B|}{(1+|x|)^{n+\delta}} dx \\ \leqslant& \int_B \frac{|f(x)-\overline{f}_B|}{(1+|x|)^{n+\delta}} dx + \sum_{k=0}^{\infty} \int_{2^{k+1}B\setminus 2^k B} \frac{|f(x)-\overline{f}_{2^{k+1}B}| + |\overline{f}_B - \overline{f}_{2^{k+1}B}|}{(1+|x|)^{n+\delta}} dx \\ \leqslant& \int_B |f(x)-\overline{f}_B| dx + \sum_{k=0}^{\infty} 2^{-k(n+\delta)} \int_{2^{k+1}B} \left(|f(x)-\overline{f}_{2^{k+1}B}| + |\overline{f}_B - \overline{f}_{2^{k+1}B}|\right) dx \\ \leqslant& |B|\|f\|_{BMO} + \sum_{k=0}^{\infty} 2^{-k(n+\delta)}(1+2^n(k+1))\omega_n 2^{n(k+1)} \|f\|_{BMO} \\ \leqslant& C_{n,\delta}'\|f\|_{BMO}.\end{aligned}$$

(3) 记 $B_t = B_t(y)$, 则

$$\begin{aligned}&\int_{\mathbb{R}^n} \frac{t|f(x)-\overline{f}_{B_t}|}{(t^2+|x-y|^2)^{\frac{n+1}{2}}} dx \\ \leqslant& \int_{B_t} \frac{t|f(x)-\overline{f}_{B_t}|}{(t^2+|x-y|^2)^{\frac{n+1}{2}}} dx \\ &+ \sum_{k=0}^{\infty} \int_{2^{k+1}B_t\setminus 2^k B_t} \frac{t\left(|f(x)-\overline{f}_{2^{k+1}B_t}| + |\overline{f}_{B_t} - \overline{f}_{2^{k+1}B_t}|\right)}{(t^2+|x-y|^2)^{\frac{n+1}{2}}} dx\end{aligned}$$

$$
\begin{aligned}
&\leqslant t^{-n}\int_{B_t}|f(x)-\overline{f}_{B_t}|dx\\
&\quad+\sum_{k=0}^{\infty}t^{-n}(1+2^{2k})^{-(n+1)/2}\int_{2^{k+1}B_t}\left(|f(x)-\overline{f}_{2^{k+1}B_t}|+|\overline{f}_{B_t}-\overline{f}_{2^{k+1}B_t}|\right)dx\\
&\leqslant |B|\|f\|_{BMO}+\sum_{k=0}^{\infty}2^{-k(n+1)}(1+2^n(k+1))\omega_n 2^{n(k+1)}\|f\|_{BMO}\\
&\leqslant C_n\|f\|_{BMO}.
\end{aligned}
$$

现在

$$
\begin{aligned}
&\int_{\mathbb{R}^n}|f(x)-(P_t*f)(y)|P_t(x-y)dx\\
\leqslant&\int_{\mathbb{R}^n}\left(|f(x)-\overline{f}_{B_t}|+|\overline{f}_{B_t}-(P_t*f)(y)|\right)P_t(x-y)dx\\
\leqslant&\int_{\mathbb{R}^n}|f(x)-\overline{f}_{B_t}|P_t(x-y)dx+|\overline{f}_{B_t}-(P_t*f)(y)|\\
\leqslant&\,2\int_{\mathbb{R}^n}|f(x)-\overline{f}_{B_t}|P_t(x-y)dx\leqslant 2C_n\|f\|_{BMO}.
\end{aligned}
$$

(4) 由于当 $|x-y|\leqslant t$ 时 $P_t(x-y)\geqslant c_n't^{-n}$, 我们有

$$
\int_{\mathbb{R}^n}|f(x)-(P_t*f)(y)|P_t(x-y)dx\geqslant c_n't^{-n}\int_{B_t}|f(x)-(P_t*f)(y)|dx.
$$

由命题 3.1(3) 我们看到 (4) 成立. □

引理 3.3 (Calderón-Zygmund 分解) 假设 Q_0 是 $\mathbb{R}^n$ 中立方体, $f\in L^1(Q_0)$ 是非负函数使得

$$
\frac{1}{|Q_0|}\int_{Q_0}fdx<\alpha.
$$

则存在立方体序列 $\{Q_j\}, Q_j\subset Q_0$, 使得

(1) $f(x)\leqslant\alpha$ $a.e.$ $x\in Q_0\backslash\sum\limits_j Q_j$;

(2) $\alpha\leqslant\dfrac{1}{|Q_j|}\displaystyle\int_{Q_j}f(x)dx<2^n\alpha$;

(3) $\sum\limits_j|Q_j|\leqslant\dfrac{1}{\alpha}\displaystyle\int_{Q_0}f(x)dx$.

证明 将 Q_0 的每边两等分得到 2^n 个小的立方体 $\{Q\}$. 每个 Q 有两种可能

(a) $\dfrac{1}{|Q|}\displaystyle\int_Q f(x)dx<\alpha$;

(b) $\frac{1}{|Q|}\int_Q f(x)dx \geqslant \alpha$.

对满足 (b) 的 Q 我们停止分解, 而对满足 (a) 的 Q, 我们继续分解它成 2^n 个更小的立方体, 对这种更小的立方体又有这两种可能性. 重复这种过程, 我们得到立方体的集合 $\{Q_k\}_k$, 它们分为两类:

$$G=\sum_j Q_j: \text{ 在}Q_j\text{上 (b) 成立}; \quad F=Q_0\backslash G.$$

$\forall x\in F$, 存在子立方体列 $\{Q_i\}$,

$$Q_{i+1}\subset Q_i, \quad x\in Q_i, \quad |Q_i|\to 0, \quad \frac{1}{|Q_i|}\int_{Q_i} f(x)dx<\alpha,$$

因此

$$f(x)\leqslant\alpha, \quad a.e.\ x\in F.$$

对每个 Q_j, 存在一个满足 (a) 的立方体 Q^*: $|Q^*|=2^n|Q_j|$,

$$\alpha\leqslant\frac{1}{|Q_j|}\int_{Q_j} f(x)dx\leqslant\frac{1}{|Q_j|}\int_{Q^*} f(x)dx=\frac{2^n}{|Q^*|}\int_{Q^*} f(x)dx<2^n\alpha.$$

由于 Q_j 是互不相交,

$$\sum_j |Q_j|\leqslant\frac{1}{\alpha}\sum_j\int_{Q_j} f(x)dx\leqslant\frac{1}{\alpha}\int_{Q_0} f(x)dx. \qquad \square$$

下面的 John-Nirenberg 定理是 BMO 空间函数性质的深刻描述.

定理 3.2 对所有 $f\in BMO(\mathbb{R}^n)$, 任意的立方体 Q, 和任意的 $t>0$, 我们有

$$\left|\{x\in Q:|f(x)-\overline{f}_Q|>t\}\right|\leqslant 2|Q|e^{-\frac{t\log 2}{2^{n+1}\|f\|_{BMO}}}.$$

证明 假设 $\alpha>\|f\|_{BMO}$. 应用 Calderón-Zygmund 分解于函数

$$|f(x)-\overline{f_Q}|,$$

存在子立方体 $\{Q_{j_1}^{(1)}\}$ 使得

$$|f(x)-\overline{f_Q}|\leqslant\alpha, \quad a.e.\ x\in Q\backslash\sum_{j_1} Q_{j_1}^{(1)};$$

$$\alpha\leqslant\frac{1}{|Q_j^{(1)}|}\int_{Q_j^{(1)}}|f(x)-\overline{f_Q}|dx<2^n\alpha;$$

$$\sum_{j_1}|Q_j^{(1)}|\leqslant\frac{1}{\alpha}\sum_{j_1}\int_{Q_{j_1}^{(1)}}|f(x)-\overline{f_Q}|dx\leqslant\frac{1}{\alpha}\int_Q|f(x)-\overline{f_Q}|dx\leqslant\frac{|Q|}{\alpha}\|f\|_{BMO}.$$

对每一个 $Q_{j_1}^{(1)}$ 有

$$\frac{1}{|Q_{j_1}^{(1)}|}\int_{Q_{j_1}^{(1)}}|f(x)-\overline{f_{Q_{j_1}^{(1)}}}|\leqslant\|f\|_{BMO}<\alpha.$$

再应用 Calderón-Zygmund 分解于函数 $|f(x)-\overline{f_{Q_{j_1}^{(1)}}}|$, 存在 $Q_{j_1}^{(1)}$ 中的子立方体 $\{Q_{j_1j_2}^{(2)}\}$, 使得

$$|f(x)-\overline{f_{Q_{j_1}^{(1)}}}|\leqslant\alpha,\quad a.e.\ x\in Q_{j_1}^{(1)}\backslash\sum_{j_2}Q_{j_1j_2}^{(2)};$$

$$\begin{aligned}\sum_{j_1}\sum_{j_2}|Q_{j_1j_2}^{(2)}|&\leqslant\frac{1}{\alpha}\sum_{j_1}\int_{Q_{j_1}^{(1)}}|f(x)-\overline{f_{Q_{j_1}^{(1)}}}|dx\\&\leqslant\frac{1}{\alpha}\sum_{j_1}|Q_{j_1}^{(1)}|\|f\|_{BMO}\leqslant|Q|\left(\frac{\|f\|_{BMO}}{\alpha}\right)^2.\end{aligned}$$

于是当 $x\in Q\backslash\sum_{j_1j_2}Q_{j_1j_2}^{(2)}$ 时, 有两种可能, 存在 j_1 使得 $x\in Q_{j_1}^{(1)}\backslash\sum_{j_2}Q_{j_1j_2}^{(2)}$, 此时

$$\begin{aligned}|f(x)-\overline{f_Q}|&\leqslant|f(x)-\overline{f_{Q_{j_1}^{(1)}}}|+|f_{Q_{j_1}^{(1)}}-\overline{f_Q}|\\&\leqslant\alpha+\frac{1}{|Q_{j_1}^{(1)}|}\int_{Q_{j_1}^{(1)}}|f(x)-\overline{f_Q}|\\&\leqslant\alpha+2^n\alpha\leqslant2\cdot2^n\alpha,\end{aligned}$$

或者 $x\in Q\backslash\sum_{j_1}Q_{j_1}^{(1)}$, 此时上式自然成立.

继续这个过程, 我们得到: 存在不交子立方体 $\{Q_{j_1\cdots j_k}^{(k)}\}$ 使得

$$\sum_{j_1,\cdots,j_k}|Q_{j_1\cdots j_k}^{(k)}|\leqslant|Q|\left(\frac{\|f\|_{BMO}}{\alpha}\right)^k;$$

$$|f(x)-\overline{f_Q}|\leqslant k2^n\alpha,\quad x\in Q\backslash\sum_{j_1,\cdots,j_k}Q_{j_1\cdots j_k}^{(k)}.$$

对任意的 $t>0$, 如果 $t>2^n\alpha$, 则存在 $k\geqslant1$ 使得

$$t\in[k2^n\alpha,(k+1)2^n\alpha),$$

$$\begin{aligned}
\left|\{x\in Q:|f(x)-\overline{f_Q}|>t\}\right| &\leqslant \left|\{x\in Q:|f(x)-\overline{f_Q}|>k2^n\alpha\}\right|\\
&\leqslant |Q|\left(\frac{\|f\|_{BMO}}{\alpha}\right)^k\\
&=|Q|2^{-k},\quad \alpha=2\|f\|_{BMO}\\
&\leqslant 2|Q|2^{\frac{-t}{2^n\alpha}}\\
&=2|Q|e^{-\frac{t\log 2}{2^{n+1}\|f\|_{BMO}}}.
\end{aligned}$$

如果 $t\in(0,2^n\alpha]$, 则

$$\begin{aligned}
|\{x\in Q:|f(x)-\overline{f_Q}|>t\}| &\leqslant |Q|e^{\frac{t\log 2}{2^{n+1}\|f\|_{BMO}}}e^{-\frac{t\log 2}{2^{n+1}\|f\|_{BMO}}}\\
&\leqslant |Q|e^{\frac{2^{n+1}\log 2}{2^{n+1}}}e^{-\frac{t\log 2}{2^{n+1}\|f\|_{BMO}}}\\
&=2|Q|e^{-\frac{t\log 2}{2^{n+1}\|f\|_{BMO}}}.
\end{aligned}$$

□

推论 3.1 如果 $f\in BMO(\mathbb{R}^n)$, 则对任意的 $c_1(n)>c(n)=\dfrac{2^{n+1}}{\log 2}$,

$$\int_Q e^{\frac{|f(x)-\overline{f_Q}|}{c_1(n)\|f\|_{BMO}}}\leqslant \frac{2|Q|c_1(n)}{c_1(n)-c(n)}.$$

证明 记 $g(x)=|f(x)-\overline{f_Q}|$. 则

$$\begin{aligned}
\int_Q|f(x)-\overline{f_Q}|^p dx &= p\int_0^\infty t^{p-1}d_g(t)dt\\
&\leqslant 2p|Q|\int_0^\infty t^{p-1}e^{-\frac{t\log 2}{2^{n+1}\|f\|_{BMO}}}dt\\
&=2p|Q|\left(c(n)\|f\|_{BMO}\right)^p\int_0^\infty t^{p-1}e^{-t}dt\\
&=2|Q|\left(c(n)\|f\|_{BMO}\right)^p\int_0^\infty t^{p}e^{-t}dt\\
&=2|Q|\left(c(n)\|f\|_{BMO}\right)^p\Gamma(p+1).
\end{aligned}$$

即

$$\frac{1}{|Q|}\int_Q\frac{1}{p!}\left|\frac{f(x)-\overline{f_Q}}{c_1(n)\|f\|_{BMO}}\right|^p dx\leqslant 2\left(\frac{c(n)}{c_1(n)}\right)^p.$$

□

推论 3.2 如果 $f\in BMO(\mathbb{R}^n)$, 则对任意的 $0<p<\infty$,

$$\sup_Q\left(\frac{1}{|Q|}\int_Q|f(x)-\overline{f_Q}|^p dx\right)^{\frac{1}{p}}\leqslant C_p\|f\|_{BMO}.$$

证明

$$\begin{aligned}\int_Q |f(x)-f_Q|^p dx &= p\int_0^\infty t^{p-1} d_g(t)dt \\ &\leqslant 2p|Q|\int_0^\infty t^{p-1} e^{-\frac{t\log 2}{2^{n+1}\|f\|_{BMO}}} dt \\ &= 2|Q|\left(c(n)\|f\|_{BMO}\right)^p \Gamma(p+1).\end{aligned}$$

□

§3.3 Calderón-Zygmund 不等式

设区域 $\Omega\subset\mathbb{R}^n$ 有界, 定义 f 的 Newton 位势 Nf

$$w(x)=\int_\Omega \Gamma(x-y)f(y)dy.$$

Newton 位势有下面的性质:

引理 3.4 (1) 假设 f 是 Ω 上有界可积函数, 则 $w\in C^1(\mathbb{R}^n)$ 且 $\forall x\in\Omega$,

$$D_iw(x)=\int_\Omega D_i\Gamma(x-y)f(y)dy,\quad i=1,2,\cdots,n.$$

(2) 假设 f 是 Ω 上有界局部 Hölder 连续函数, 设 $\Omega_0\supset\Omega$ 是任何使散度定理成立的有界区域, f 在 Ω 外做零延拓, 则 $w\in C^2(\Omega)$, 且 $\forall x\in\Omega$,

$$D_{ij}w(x)=\int_{\Omega_0} D_{ij}\Gamma(x-y)(f(y)-f(x))dy - f(x)\int_{\partial\Omega_0} D_i\Gamma(x-y)\cdot\nu_j(y)dS(y).$$

特别地,

$$\Delta w(x)=f(x),\quad \forall x\in\Omega.$$

证明 由于

$$D_i\Gamma(x-y)=\frac{1}{\omega_n}\frac{x_i-y_i}{|x-y|^n},$$

$$D_{ij}\Gamma(x-y)=\frac{1}{\omega_n}\left(|x-y|^2\delta_{ij}-n(x_i-y_i)(x_j-y_j)\right)|x-y|^{-n-2}.$$

我们看到: 当 $x\neq y$ 时, $\Gamma(x-y)$ 调和, 且有估计

$$|D_i\Gamma(x-y)|\leqslant\frac{1}{\omega_n}|x-y|^{1-n},$$

$$|D_{ij}\Gamma(x-y)|\leqslant\frac{n}{\omega_n}|x-y|^{-n},$$

设 $\alpha=(\alpha_1,\cdots,\alpha_n)$ 是多重指标, 则

$$|D^\alpha\Gamma(x-y)|\leqslant C(n,|\alpha|)|x-y|^{2-n-|\alpha|}.$$

(1) 由于 f 有界, 在 x 附近, 积分

$$v(x)=\int_\Omega D_i\Gamma(x-y)f(y)dy$$

有意义. 设 $\eta\in C^1(\mathbb{R}),\eta(t)\equiv 0,\forall t\leqslant 1;\eta(t)=1,\forall t\geqslant 2,|\eta'|\leqslant 2$. 记 $\eta_\varepsilon(|x-y|)=\eta(|x-y|/\varepsilon),0<\varepsilon<\min\left(1,\dfrac{1}{2}\operatorname{dist}(x,\partial\Omega)\right)$,

$$w_\varepsilon(x)=\int_\Omega \eta_\varepsilon(|x-y|)\Gamma(x-y)f(y)dy.$$

则 $w_\varepsilon\in C^1(\mathbb{R}^n)$, 且

$$\begin{aligned}v(x)-D_iw_\varepsilon(x)&=\int_{|x-y|\leqslant 2\varepsilon}+\int_{|x-y|>2\varepsilon}D_i\Gamma f-\eta_\varepsilon D_i\Gamma f-D_i\eta_\varepsilon\Gamma f\\&=\int_{|x-y|\leqslant 2\varepsilon}D_i\left((1-\eta_\varepsilon)\Gamma\right)f(y)dy\\&\leqslant \sup|f|\int_{|x-y|\leqslant 2\varepsilon}\left(|D_i\Gamma|+\frac{2}{\varepsilon}|\Gamma|\right)dy\\&\leqslant C(n)\sup|f|\sqrt{\varepsilon}.\end{aligned}$$

即 $v(x)=D_iw(x)$.

(2) 由基本解 $D_{ij}\Gamma$ 的估计和 f 的 Hölder 连续性, 积分

$$u(x)=\int_{\Omega_0}D_{ij}\Gamma(x-y)(f(y)-f(x))dy-f(x)\int_{\partial\Omega_0}D_i\Gamma(x-y)\cdot\nu_j(y)dS(y)$$

有意义. 记

$$v_\varepsilon(x)=\int_\Omega \eta_\varepsilon(|x-y|)D_i\Gamma(x-y)f(y)dy.$$

则 $v_\varepsilon\in C^1(\mathbb{R}^n)$, 且

$$\begin{aligned}D_jv_\varepsilon(x)&=\int_\Omega D_j\left[\eta_\varepsilon(|x-y|)D_i\Gamma(x-y)\right]f(y)dy\\&=\int_{\Omega_0}D_j(\eta_\varepsilon D_i\Gamma)(f(y)-f(x))dy-f(x)\int_{\partial\Omega_0}D_i\Gamma(x-y)\cdot\nu_j(y)dS(y).\end{aligned}$$

$$\begin{aligned}u(x)-D_jv_\varepsilon(x)&=\int_{|x-y|\leqslant 2\varepsilon}D_j\left((1-\eta_\varepsilon)D_i\Gamma\right)(f(y)-f(x))dy\\&\leqslant [f]_{\alpha;x}\int_{|x-y|\leqslant 2\varepsilon}\left(|D_{ij}\Gamma|+\frac{2}{\varepsilon}|D_i\Gamma|\right)|x-y|^\alpha dy\\&\leqslant C(n,\alpha)[f]_{\alpha;x}\varepsilon^\alpha.\end{aligned}$$

我们看到 $u(x) = D_{ij}w(x)$. 特别, 取 $\Omega_0 = B_R(x), R$ 充分大,

$$\Delta w(x) = f(x)\frac{1}{\omega_n R^{n-1}}\int_{|y-x|=R} \nu \cdot \nu dS(y) = f(x). \qquad \square$$

由 Perron 定理 1.16 和上面的引理 3.4 我们得到 Poisson 方程的可解性:

定理 3.3　设 Ω 是有界区域, 边界点 $\partial\Omega$ 都是正则点. 则对有界局部 Hölder 连续函数 f 和连续函数 $\varphi \in C(\partial\Omega)$, Poisson 方程

$$\begin{cases} \Delta u(x) = f(x), & x \in \Omega, \\ u(x) = \varphi(x), & x \in \partial\Omega \end{cases}$$

唯一可解.

证明　令 $v = u - w$, 则 $\Delta v(x) = 0, x \in \Omega$, 边界条件 $v = \varphi - w$. 由 Perron 定理 1.16, v 有唯一解, 从而 $u = v + w$. $\square$

定理 3.4　设 $f \in L^p(\Omega), 1 < p < \infty$, 设 w 是 f 的 Newton 位势. 则 $w \in W^{2,p}(\Omega)$, $\Delta w = f$, 且

$$\|D^2 w\|_{L^p(\mathbb{R}^n)} \leqslant C(n,p)\|f\|_{L^p(\Omega)}.$$

特别地,

$$\int_{\mathbb{R}^n} |D^2 w|^2 = \int_\Omega |f|^2.$$

证明　1° 假设 $p = 2$, $f \in C_0^\infty(\Omega)$. 则 $w \in C^\infty(\mathbb{R}^n)$ 且 $\Delta w(x) = f(x), x \in \mathbb{R}^n$. 对充分大的 $R > 0$,

$$\begin{aligned} \int_{B_R} |D^2 w|^2 dx &= \int_{B_R} \sum_{ij} (D_{ij} w)^2 \\ &= \int_{B_R} \nabla(D_j w)\nabla(D_j w) \\ &= \int_{\partial B_R} D_j w \partial_\nu (D_j w) - \int_{B_R} D_j w \Delta(D_j w) \\ &= \int_{\partial B_R} D_j w \partial_\nu (D_j w) - \int_{B_R} D_j w (D_j f) \\ &= \int_{\partial B_R} D_j w \partial_\nu (D_j w) + \int_{B_R} f^2. \end{aligned}$$

注意到

$$Dw(x) = O(R^{1-n}), \quad D^2 w(x) = O(R^{-n}), \quad x \in \partial B_R,$$

取极限 $R\to\infty$, 我们得到

$$\int_{\mathbb{R}^n}|D^2w|^2dx=\int_\Omega f^2.$$

对任意的 $f\in L^2(\Omega), f(x)=0, x\in\mathbb{R}^n\backslash\Omega$, 存在 $f_m\in C_0^\infty(\Omega)$ 使得 $\|f_m-f\|_{L^2}\to 0$, 奇异积分

$$\left\|\int_{\mathbb{R}^n}D_{ij}\Gamma(x-y)(f_m-f)(y)dy\right\|_{L^2(\Omega)}\leqslant C(n)\|f_m-f\|_{L^2(\Omega)},\quad i\neq j,$$

而

$$\|\Delta w_m-\Delta w\|_{L^2}=\|f_m-f\|_{L^2}.$$

2° 固定 ij, 定义算子 $T=T_{ij}:L^2(\Omega)\to L^2(\Omega)$,

$$Tf=D_{ij}w.$$

则对任意的 $t>0, f\in L^2(\Omega)$,

$$t\left(d_{Tf}(t)\right)^{\frac{1}{2}}\leqslant\|f\|_{L^2(\Omega)}.$$

3° 我们需要证明:

$$td_{Tf}(t)\leqslant A_1\|f\|_{L^1(\Omega)}.$$

事实上, 设 f 在 Ω 外为 0. 存在一个立方体 $Q\supset\Omega$. 假设对固定的 $t>0$,

$$\frac{1}{|Q|}\int_Q|f|dx\leqslant t.$$

由 Calderón-Zygmund 分解, 存在子立方体 $\{Q_j\}_j$ 使得:

$$t<\fint_{Q_j}|f|dx\leqslant 2^nt,\quad \sum_j|Q_j|\leqslant\frac{\|f\|_{L^1(Q)}}{t},$$

$$f(x)\leqslant t,\quad x\in G=Q\backslash\sum_j Q_j.$$

分解 f:

$$f=g+h,$$

这里

$$g(x)=\begin{cases}f(x), & x\in G,\\ \dfrac{1}{|Q_j|}\displaystyle\int_{Q_j}fdx, & x\in Q_j,\ j=1,2,\cdots,\end{cases}$$

$$h(x)=\begin{cases}0, & x\in G,\\ f(x)-\dfrac{1}{|Q_j|}\displaystyle\int_{Q_j}fdx, & x\in Q_j.\end{cases}$$

显然

$$|g(x)|\leqslant 2^n t,\quad \int_{Q_j}h(x)dx=0.$$

于是由于 $Tf=Tg+Th$,

$$d_{Tf}(t)\leqslant d_{Tg}(t/2)+d_{Th}(t/2).$$

我们有

$$\begin{aligned}d_{Tg}(t/2)&\leqslant\frac{4}{t^2}\|g\|_{L^2}^2\\&\leqslant\frac{2^{n+2}}{t}\int|g|\\&\leqslant\frac{2^{n+2}}{t}\int|f|.\end{aligned}$$

估计 Th: 设 $h_j(x)=h(x)\chi_{Q_j}(x)$, 则 $Th=\sum\limits_j Th_j$. 假设 $h_{jm}\in C_0^\infty(Q_j)$, $\|h_{jm}-h_j\|_{L^2(\Omega)}\to 0$, 且

$$\int_{Q_j}h_{jm}dx=\int_{Q_j}h_j=0.$$

当 $x\notin Q_j$, 设 $\overline{y}$ 是 Q_j 的中心, $\delta=\delta_j$ 是 Q_j 的直径, 则

$$\begin{aligned}Th_{jm}(x)&=\int_{Q_j}D_{ij}\Gamma(x-y)h_{jm}(y)dy\\&=\int_{Q_j}\left(D_{ij}\Gamma(x-y)-D_{ij}\Gamma(x-\overline{y})\right)h_{jm}(y)dy,\end{aligned}$$

$$|Th_{jm}(x)|\leqslant C(n)\,\delta\mathrm{dist}\,(x,Q_j)^{-n-1}\int_{Q_j}|h_{jm}(y)|dy.$$

设 $B_j=B_\delta(\overline{y})$, 则

$$\begin{aligned}\int_{Q-B_j}|Th_{jm}|&\leqslant c(n)\delta\int_{|x|\geqslant\delta/2}\frac{dx}{|x|^{n+1}}\int_{Q_j}|h_{jm}|\\&\leqslant C(n)\int_{Q_j}|h_{jm}|.\end{aligned}$$

记 $F^*=\sum\limits_j B_j, G^*=Q-F^*$, 则

$$\int_{G^*}|Th|\leqslant c(n)\int_Q|h|dx\leqslant C(n)\int_Q|f|dx.$$

因此
$$|\{x \in G^* : |Th| > t/2\}| \leqslant \frac{C(n)\|f\|_{L^1}}{t}.$$
而
$$|F^*| = c(n)\sum_j |Q_j| \leqslant \frac{C(n)\|f\|_{L^1}}{t}.$$
这样我们得到:
$$|\{x \in Q : |Th| > t/2\}| \leqslant \frac{C(n)\|f\|_{L^1}}{t}.$$
因此由 Marcinkiewicz 内插定理, 对 $1 < p < 2$,
$$\|Tf\|_{L^p} \leqslant C(n,p)\|f\|_{L^p}.$$

4° 当 $p > 2$ 时, 如果 $f, g \in C_0^\infty(\Omega)$,
$$\begin{aligned}\int_\Omega (Tf)g &= \int_\Omega wD_{ij}g \\ &= \int_\Omega\int_\Omega \Gamma(x-y)f(y)D_{ij}g(x)dxdy \\ &= \int_\Omega fTg \leqslant \|f\|_{L^p}\|Tg\|_{L^{p'}} \\ &\leqslant C(n,p)\|f\|_{L^p}\|g\|_{L^{p'}}.\end{aligned}$$

因此
$$\|Tf\|_{L^p} \leqslant C(n,p)\|f\|_{L^p}.$$ □

推论 3.3 假设 $u \in W_0^{2,p}(\Omega), 1 < p < \infty$, 则
$$\|D^2u\|_{L^p(\Omega)} \leqslant C(n,p)\|\Delta u\|_{L^p(\Omega)}.$$
特别地,
$$\|D^2u\|_{L^2(\Omega)} = \|\Delta u\|_{L^2(\Omega)}.$$

证明 假设 $u \in C_0^2(\Omega)$, 记 $w = \int_\Omega \Gamma(x-y)\Delta u(y)dy$, 则
$$w(x) = \int_\Omega \Delta\Gamma(x-y)u(y)dy = u(x),$$
$$\|D^2w\|_{L^p(\Omega)} \leqslant C(n,p)\|\Delta u\|_{L^p(\Omega)}.$$
逼近完成证明. □

§3.4 L^p 估计

这一节我们研究线性方程

$$Lu \equiv a_{ij}(x)D_{ij}u + b_iD_iu + cu = f, \quad x \in \Omega$$

的 L^p 估计. 这里假设

$$\begin{cases} a_{ij} \in C^0(\Omega),\, b_i, c \in L^\infty(\Omega),\, f \in L^p(\Omega), \\ a_{ij}\xi_i\xi_j \geqslant \lambda|\xi|^2,\, \xi \in \mathbb{R}^n, \\ |a_{ij}|, |b_i|, |c| \leqslant M. \end{cases} \tag{3.2}$$

我们将用冻结系数法和 Calderón-Zygmund 不等式导出线性椭圆型方程的 L^p 估计.

定理 3.5 假设 $\Omega \subset \mathbb{R}^n$ 是开集, $u \in W^{2,p}_{loc} \cap L^p(\Omega), 1 < p < \infty$ 是 $Lu = f$ 的解. 则对任何紧子集 $\Omega' \subset\subset \Omega$, 存在常数 $C(n, p, \lambda, M, \Omega', \Omega, \|a_{ij}\|_{C(\Omega')})$, 使得

$$\|u\|_{W^{2,p}(\Omega')} \leqslant C(\|f\|_{L^p(\Omega)} + \|u\|_{L^p(\Omega)}).$$

证明 固定 $x_0 \in \Omega'$. 设

$$L_0u = a_{ij}(x_0)D_{ij}u.$$

存在正交变换 T 使得 $TAT^{-1} = \mathrm{diag}\,(\lambda_1, \cdots, \lambda_n)$, 这里 $A = (a_{ij}(x_0))$. 即 $t_{ik}a_{kl}t_{jl} = \delta_{ij}\lambda_i$. 令 $x_i = t_{ji}y_j$, 则 $\partial_{y_i}u = \partial_{x_k}ut_{ik}, \partial^2_{y_jy_i}u = \partial^2_{x_lx_k}u\,t_{jl}t_{ik}$, 或者 $\partial^2_{x_lx_k}u\,t_{jl}t_{ik}t_{js}t_{iw} = \partial^2_{x_lx_k}u\,\delta_{ls}\delta_{kw} = \partial^2_{x_sx_w}u = \partial^2_{y_jy_i}u\,t_{js}t_{iw}$, 即

$$\partial^2_{x_ix_j}u = \partial^2_{y_ly_k}u\,t_{ki}t_{lj}.$$

于是

$$L_0u = a_{ij}(x_0)D_{ij}u = a_{ij}(x_0)t_{ki}t_{lj}\partial^2_{y_ly_k}u = \lambda_i\partial^2_{y_iy_i}u.$$

令

$$x_i = \sqrt{\lambda_j}t_{ji}z_j, \quad z_i = \frac{t_{ij}x_j}{\sqrt{\lambda_i}},$$

则

$$L_0u(x) = \Delta_zu.$$

应用 Calderón-Zygmund 定理的推论 3.3, 如果 $u \in W^{2,p}_0(\Omega)$,

$$\begin{aligned} \int_\Omega |L_0u(x)|^pdx &= |\det(\sqrt{\lambda_j}t_{ji})| \int_{\Omega_z} |\Delta_zu|^pdz \\ &\geqslant C(n,p)^{-p}|\det(\sqrt{\lambda_j}t_{ji})| \int_{\Omega_z} |D^2_zu|^pdz \end{aligned}$$

$$
\begin{aligned}
&= C(n,p)^{-p}\left|\det(\sqrt{\lambda_j}t_{ji})\right|\int_\Omega\left|\partial^2_{x_lx_k}u\sqrt{\lambda_j\lambda_i}t_{jl}t_{ik}\right|^p\left|\det\left(\frac{t_{ij}}{\sqrt{\lambda_i}}\right)\right|dx\\
&= C(n,p)^{-p}\int_\Omega|\partial^2_{x_lx_k}u\sqrt{\lambda_j\lambda_i}t_{jl}t_{ik}|^p dx\\
&\geqslant C(n,p)^{-p}\lambda^p\int_\Omega|\partial^2_{x_lx_k}u\,t_{jl}t_{ik}|^p dx\\
&= C(n,p)^{-p}\lambda^p\int_\Omega|TD^2u(x)T^{-1}|^p dx\\
&= C(n,p)^{-p}\lambda^p\int_\Omega|D^2u(x)|^p dx,
\end{aligned}
$$

即

$$
\|D^2u\|_{L^p(\Omega)}\leqslant\frac{C(n,p)}{\lambda}\|L_0u\|_{L^p(\Omega)}.
$$

由于

$$
L_0u=(a_{ij}(x_0)-a_{ij}(x))D_{ij}u+a_{ij}(x)D_{ij}u,
$$

$$
\begin{aligned}
\|D^2u\|_{L^p(\Omega)}&\leqslant\frac{C(n,p)}{\lambda}\|L_0u\|_{L^p(\Omega)}\\
&\leqslant\frac{C(n,p)}{\lambda}\left(\sup_\Omega|a_{ij}(z)-a_{ij}(x_0)|\|D^2u\|_{L^p(\Omega)}+\|a_{ij}D_{ij}u\|_{L^p(\Omega)}\right).
\end{aligned}
$$

现在我们局部化 u: 设 $\eta\in C_0^2(B_R(x_0)), 0\leqslant\eta\leqslant1, \eta(x)=1, x\in B_{\sigma R}(x_0), \eta(x)=0, x\in B_{\sigma' R}(x_0), \sigma'=\dfrac{1+\sigma}{2}, |D\eta|\leqslant\dfrac{4}{(1-\sigma)R}, |D^2\eta|\leqslant\dfrac{16}{(1-\sigma)^2R^2}$. 如果 $u\in W^{2,p}_{loc}(\Omega)$, 则 $v=\eta u\in W_0^{2,p}(B_R(x_0))$ 有估计

$$
\begin{aligned}
&\|D^2v\|_{L^p(B_R(x_0))}\leqslant\frac{C(n,p)}{\lambda}\|L_0v\|_{L^p(B_R(x_0))}\\
\leqslant&\frac{C(n,p)}{\lambda}\left(\sup_{B_R(x_0)}|a_{ij}(z)-a_{ij}(x_0)|\|D^2v\|_{L^p(\Omega)}+\|a_{ij}D_{ij}v\|_{L^p(B_R(x_0))}\right).
\end{aligned}
$$

如果取球 $B_R(x_0)$ 使得

$$
\frac{C(n,p)}{\lambda}\sup_{B_R(x_0)}|a_{ij}(z)-a_{ij}(x_0)|\leqslant\theta<1,
$$

则如果 u 满足方程 $Lu=f$,

$$
\begin{aligned}
&\|D^2u\|_{L^p(B_{\sigma R}(x_0))}\leqslant C\|a_{ij}D_{ij}v\|_{L^p(B_R(x_0))}\\
\leqslant&C\|\eta a_{ij}D_{ij}u+2a_{ij}D_i\eta D_ju+ua_{ij}D_{ij}\eta\|_{L^p(B_R(x_0))}\\
\leqslant&C\left(\|f\|_{L^p(B_R(x_0))}+\frac{1}{(1-\sigma)R}\|Du\|_{L^p(B_{\sigma'R}(x_0))}+\frac{1}{(1-\sigma)^2R^2}\|u\|_{L^p(B_R(x_0))}\right),
\end{aligned}
$$

这里 $C = C(n, p, \lambda, M)$. 即

$$\begin{aligned}&(1-\sigma)^2R^2\|D^2u\|_{L^p(B_{\sigma R}(x_0))}\\ \leqslant\ & C\left((1-\sigma)^2R^2\|f\|_{L^p(B_R(x_0))} + 2(1-\sigma')R\|Du\|_{L^p(B_{\sigma' R}(x_0))} + \|u\|_{L^p(B_R(x_0))}\right).\end{aligned}$$

设

$$\Phi_k = \sup_{0<\sigma<1}(1-\sigma)^kR^k\|D^ku\|_{L^p(B_{\sigma R}(x_0))}, \quad k = 0, 1, 2.$$

则我们有

$$\Phi_2 \leqslant C\left(R^2\|f\|_{L^p(B_R(x_0))} + \Phi_1 + \Phi_0\right).$$

估计 Φ_1 : 由连续性, $\exists\sigma_0 \in (0, 1)$, 使得

$$\begin{aligned}\Phi_1 &= (1-\sigma_0)R\|Du\|_{L^p(B_{\sigma_0 R}(x_0))}\\ &\leqslant \varepsilon(1-\sigma_0)^2R^2\|D^2u\|_{L^p(B_{\sigma_0 R}(x_0))} + \frac{C(n, \sigma_0 R))}{\varepsilon}\|u\|_{L^p(B_R(x_0))}\\ &\leqslant \varepsilon\Phi_2 + \frac{C(n, \sigma_0 R)}{\varepsilon}\|u\|_{L^p(B_R(x_0))},\end{aligned}$$

这里用了内插不等式:

$$\|Du\|_{L^p(B_\delta(x_0))} \leqslant \varepsilon\|D^2u\|_{L^p(B_\delta(x_0))} + \frac{C(n, \delta)}{\varepsilon}\|u\|_{L^p(B_\delta(x_0))}.$$

因此

$$\Phi_2 \leqslant C\left(R^2\|f\|_{L^p(B_R(x_0))} + \Phi_0\right),$$

即

$$\|D^2u\|_{L^p(B_{\sigma R}(x_0))} \leqslant \frac{C}{(1-\sigma)^2R^2}\left(R^2\|f\|_{L^p(B_R(x_0))} + \|u\|_{L^p(B_R(x_0))}\right). \tag{3.3}$$

取 $\sigma = \dfrac{1}{2}$, 对任何紧子集 Ω', 存在有限球 $B_{R/2}(x_j) \subset \Omega$, 使得

$$\Omega' \subset \sum_j B_{R/2}(x_j),$$

并且由于 a_{ij} 在 Ω' 上的一致连续性, 在每个 $B_{R/2}(x_j)$ 上, (3.3) 成立. 因此

$$\|D^2u\|_{L^p(\Omega')} \leqslant C\left(\|f\|_{L^p(\Omega)} + \|u\|_{L^p(\Omega)}\right).$$ □

为了得到全局的估计, 我们需要下面的引理:

引理 3.5 假设 $\Omega^+ = \Omega \cap \mathbb{R}^n_+$ 是上半空间的区域, $(\partial\Omega)^+ = \partial\Omega \cap \mathbb{R}^n_+$. 设 $u \in W^{1,1}_0(\Omega^+)$, $f \in L^p(\Omega^+), 1 < p < \infty$, 在弱意义下满足 $\Delta u = f$. 则 $u \in W^{2,p}(\Omega^+) \cap W^{1,p}_0(\Omega^+)$,

$$\|D^2 u\|_{L^p(\Omega^+)} \leqslant C(n,p)\|f\|_{L^p(\Omega^+)}.$$

证明 零延拓 u, f 到整个 $\mathbb{R}^n_+$, 再奇反射到 $\mathbb{R}^n_-$ 上:

$$u(x', x_n) = -u(x', -x_n), \quad f(x', x_n) = -f(x', x_n), \quad \forall x_n < 0.$$

延拓后的函数仍记为 u, f, 则在弱意义下成立

$$\Delta u(x) = f(x),\ x \in \mathbb{R}^n.$$

事实上, 可能出问题的地方在 $x_n = 0$ 附近, 因此取函数 $\sigma_\varepsilon \in C^1(\mathbb{R}), \sigma_\varepsilon(-t) = \sigma_\varepsilon(t)$, $\sigma_\varepsilon(t) = 0, \forall |t| \leqslant \varepsilon; \sigma_\varepsilon(t) = 1, \forall |t| \geqslant 2\varepsilon; |\sigma'_\varepsilon| \leqslant 2/\varepsilon$. 设 $\varphi \in C^1_0(\mathbb{R}^n)$, 取试验函数 $\sigma_\varepsilon(x_n)\varphi(x)$, 则

$$\begin{aligned}
-\int \sigma_\varepsilon(x_n) f(x)\varphi(x) &= \int \sigma_\varepsilon(x_n) Du(x) D\varphi(x) + \varphi\sigma'_\varepsilon(x_n)\partial_n u \\
&= \int \sigma_\varepsilon(x_n) Du(x) D\varphi(x) + \int_{|x_n| \leqslant 2\varepsilon} \varphi\sigma'_\varepsilon(x_n)\partial_n u,
\end{aligned}$$

而

$$\begin{aligned}
\left|\int_{|x_n| \leqslant 2\varepsilon} \varphi\sigma'_\varepsilon(x_n)\partial_n u\right| &\leqslant \frac{2}{\varepsilon}\int_{0<x_n<2\varepsilon} |\varphi(x', x_n) - \varphi(x', -x_n)||\partial_n u| \\
&\leqslant \frac{2}{\varepsilon}\int_{0<x_n<2\varepsilon}\int_0^1 |\partial_n\varphi(x', -x_n + \theta 2x_n)| d\theta \cdot 2|x_n||\partial_n u| \\
&\leqslant 8\max|D\varphi| \int_{x \in \mathrm{spt}\varphi:\, 0<x_n<2\varepsilon} |\partial_n u| \to 0, \quad \varepsilon \to 0.
\end{aligned}$$

即

$$-\int f(x)\varphi(x) = \int Du(x) D\varphi(x).$$

设 η 是标准的光滑子,

$$u_\varepsilon(x) = \eta_\varepsilon * u(x) = \int_{\mathbb{R}^n} \eta_\varepsilon(x-y)u(y)dy, \quad f_\varepsilon = \eta_\varepsilon * f.$$

则 $u_\varepsilon, f_\varepsilon \in C^\infty_0(\mathbb{R}^n), u_\varepsilon(x', 0) = 0$,

$$\Delta u_\varepsilon = f_\varepsilon.$$

于是

$$\|D^2 u_\varepsilon\|_{L^p(\mathbb{R}^n)} \leqslant C(n,p)\|f_\varepsilon\|_{L^p(\mathbb{R}^n)},$$

且当 $\varepsilon \to 0$ 时,

$$\|D^2 u\|_{L^p(\mathbb{R}^n)} \leqslant C(n,p)\|f\|_{L^p(\mathbb{R}^n)}.$$

由 $u_\varepsilon(x',0)=0$ 隐含着 $u \in W_0^{1,p}(\Omega^+)$, 其余结论容易看出. □

定义 3.4 如果对每个点 $x^0 \in \partial\Omega$ 存在 $R>0$ 和一个 C^k 函数 $\gamma: R^{n-1} \to R$ 使得

$$\Omega \cap B_R(x^0) = \{x \in B_R(x^0) | x_n > \gamma(x_1, \cdots, x_{n-1})\},$$

则称区域 $\Omega \in C^k$.

局部拉直边界: 定义可逆 C^k 映射 $\Phi: \Omega \cap B_R(x^0) \to \mathbb{R}^n_+$,

$$\begin{cases} y_i = x_i =: \Phi^i(x), 1 \leqslant i \leqslant n-1, \\ y_n = x_n - \gamma(x') =: \Phi^n(x). \end{cases} \quad y = \Phi(x), \quad x = \Psi(y) = \Phi^{-1}.$$

则 $\partial\Omega \cap B_R(x^0) \to \{(y', y_n) \in \mathbb{R}^n : y_n = 0\}$.

定理 3.6 假设 $\Omega \in C^{1,1}$ 是 $\mathbb{R}^n$ 中的有界区域. L 的系数 $a_{ij} \in C(\overline{\Omega})$, 其余的满足 (3.2). 如果 $u \in W^{2,p}(\Omega) \cap W_0^{1,p}(\Omega), 1<p<\infty$, 满足 $Lu=f$, 则存在常数 C 依赖于变量 $(n, p, \lambda, M, \Omega, \|a_{ij}\|_{C(\overline{\Omega})})$ 使得

$$\|D^2 u\|_{L^p(\Omega)} \leqslant C\left(\|u\|_{L^p(\Omega)} + \|f\|_{L^p(\Omega)}\right).$$

证明 设 $x_0 \in \partial\Omega$. 于是存在 $R>0$ 和 $C^{1,1}$ 可逆映射 $\Phi: \Omega \cap B_R(x_0) \to \mathbb{R}^n_+$, $x_i = y_i, i=1,\cdots,n-1$; $x_n = y_n + \gamma(y')$. 记 $v(y) = u(\Psi(y)) = u(x)$, 我们有

$$\frac{\partial u(x)}{\partial x_i} = \frac{\partial v(y)}{\partial y_k}\frac{\partial y_k}{\partial x_i}, \quad \partial_{x_i x_j} u(x) = \frac{\partial^2 v(y)}{\partial y_k \partial y_l}\frac{\partial y_l}{\partial x_j}\frac{\partial y_k}{\partial x_i} + \frac{\partial v(y)}{\partial y_k}\frac{\partial^2 y_k}{\partial x_i \partial x_j},$$

$$a_{ij}(x) D_{ij} u(x) = a_{ij}\frac{\partial y_k}{\partial x_i}\frac{\partial y_l}{\partial x_j}\partial_{y_k y_l} v(y) + a_{ij}\frac{\partial v(y)}{\partial y_k}\frac{\partial^2 y_k}{\partial x_i \partial x_j},$$

$$b_i D_i u(x) = b_i \frac{\partial y_k}{\partial x_i}\partial_{y_k} v,$$

$$\widetilde{a_{kl}}(y) = a_{ij}\frac{\partial y_k}{\partial x_i}\frac{\partial y_l}{\partial x_j}, \quad \widetilde{b_k}(y) = b_i\frac{\partial y_k}{\partial x_i} + a_{ij}\frac{\partial^2 y_k}{\partial x_i \partial x_j}, \quad \widetilde{c}(y) = c(x), \quad \widetilde{f}(y) = f(x),$$

则

$$Lu(x) = \widetilde{L}v(y) \equiv \widetilde{a_{kl}}(y) D_{kl} v(y) + \widetilde{b_k}(y) D_k v(y) + \widetilde{c}(y) = \widetilde{f}(y).$$

由于

$$\nabla_x y = \begin{pmatrix} 1 & 0 & \cdots & 0 \\ 0 & 1 & \cdots & 0 \\ \vdots & \vdots & & \vdots \\ -\gamma_{x_1} & -\gamma_{x_2} & \cdots & 1 \end{pmatrix},$$

$$\begin{aligned}\widetilde{a_{kl}}(y)\xi_k\xi_l &= a_{ij}\frac{\partial y_k}{\partial x_i}\frac{\partial y_l}{\partial x_j}\xi_k\xi_l \geqslant \lambda|\nabla_x y\xi|^2 \\ &= \lambda\left(\xi_1^2+\cdots+\xi_{n-1}^2+\left(-\sum_{i=1}^{n-1}\xi_i\partial_{x_i}\gamma(y')+\xi_n\right)^2\right) \\ &\geqslant \lambda_0|\xi|^2, \quad \lambda_0=\lambda\min_{\xi\in\partial B(0)}|\nabla_x y\xi|.\end{aligned}$$

记 $\Omega_R^+=\Phi(\Omega\cap B_R(x_0))$, 它是上半空间的区域, 并且在 $W^{1,p}(\Omega_R^+)$ 意义下, $v(y)=0, y\in\partial\Omega_R^+\cap\partial\mathbb{R}_+^n$,

$$\widetilde{L}v(y)=\widetilde{f}(y), \quad \forall y\in\Omega_R^+.$$

定理 3.5 的冻结系数法用于 $y_0=\Phi(x_0)$, 局部化 v 于半球 $B_r^+(y_0)\cap\Omega_R^+=B_r^+(y_0), r<R$, 用 $B_r^+(y_0)$ 代替 $B_R(x_0)$, 用引理 3.5 来代替定理 3.5 中使用的 Calderón-Zygmund 不等式, 我们有

$$\|D^2v\|_{L^p(B_r^+)}\leqslant C(n,p,r)\left(\|v\|_{L^p(B_r^+)}+\|\widetilde{f}\|_{L^p(B_r^+)}\right).$$

由积分变换回到 $u(x)$, 我们得到

$$\|D^2u\|_{L^p(\Omega\cap\Psi(B_{r/2}(y_0)))}\leqslant C\left(\|u\|_{L^p(\Omega\cap\Psi(B_r^+(y_0)))}+\|f\|_{L^p(\Omega\cap\Psi(B_r^+(y_0)))}\right).$$

由于可以用有限个边界的邻域覆盖边界, 因此我们完成了证明. □

注解 3.1 当 $p=\infty$ 时, 定理的结论是不成立的.

习 题 3

1. 如果对任意的 $\varphi\in\mathcal{S}(\mathbb{R}^n)$- 速降函数空间,

$$<W_j,\varphi>=\frac{\Gamma\left(\frac{n+1}{2}\right)}{\pi^{\frac{n+1}{2}}}\lim_{\varepsilon\to 0}\int_{|y|\geqslant\varepsilon}\frac{y_j}{|y|^{n+1}}\varphi(y)dy,$$

称 W_j 是 $\mathbb{R}^n$ 上的驯服分布, $j=1,\cdots,n$. 定义第 j 次 Riesz 变换

$$R_j(f)(x)=(f*W_j)(x)=\frac{\Gamma\left(\frac{n+1}{2}\right)}{\pi^{\frac{n+1}{2}}}\lim_{\varepsilon\to 0}\int_{|x-y|\geqslant\varepsilon}\frac{x_j-y_j}{|x-y|^{n+1}}f(y)dy,$$

$f \in \mathcal{S}(\mathbb{R}^n)$. (1) 如果 $m(x) : \mathbb{R}^n \to \mathbb{R}^n$ 是列向量, 满足 $m(tx) = m(x), \forall t > 0$, 对任意的 $A \in O(\mathbb{R}^n)$, $Am(x) = m(Ax)$, 证明存在常数 c 使得 $m(x) = c\dfrac{x}{|x|}$. (2) 记

$$m_j(x) = \int_{\mathbb{S}^{n-1}} \operatorname{sgn}(x \cdot \theta)\theta_j d\theta,$$

证明 $m(x) = \dfrac{\Gamma\left(\dfrac{n+1}{2}\right)}{2\pi^{\frac{n-1}{2}}}\dfrac{x}{|x|}$. (3) 证明 $R_j(f)(x) = \left(-\dfrac{i\xi_j}{|\xi|}\widehat{f}(\xi)\right)^{\vee}(x)$, 即

$$< \widehat{W}_j, \varphi > = < W_j, \widehat{\varphi} > = \int_{\mathbb{R}^n} -i\varphi(x)\frac{x_j}{|x|}.$$

2. 假设 $\Omega \subset \mathbb{R}^n$ 是有界 $C^{1,1}$ 区域, $f_k \in L^2(\Omega)$, $u_k \in H^2(\Omega)$ 是方程

$$\begin{cases} -\Delta u_k - \displaystyle\sum_{i=1}^n x_i \partial_{x_i} u_k + |x|^2 u_k = f_k, & x \in \Omega, \\ u_k(x) = 0, & x \in \partial\Omega \end{cases}$$

之解. 如果 $\|f_k\|_{L^2(\Omega)} \leqslant C$, 证明存在 u 和子列仍记为 u_k, 使得

$$\|u_k - u\|_{W^{1,p}(\Omega)} \to 0, \quad 1 \leqslant p < \frac{2n}{n-2}.$$

3. 假设 $\Omega \subset \mathbb{R}^n, n \geqslant 3$ 是有界 $C^{1,1}$ 区域, $f \in L^2(\Omega)$, $u \in H^2(\Omega)$ 满足

$$\begin{cases} -\Delta u = f, & x \in \Omega, \\ u(x) = u_0, & x \in \partial\Omega. \end{cases}$$

如果 $u_0 \in H^2(\Omega)$, 证明

$$\|D^2 u\|_{L^2(\Omega)} \leqslant C(\|u_0\|_{H^2(\Omega)} + \|f\|_{L^2(\Omega)}).$$

第四章　Schauder 估计

这一章我们要讨论椭圆型方程的正则性质: 包括 Hölder 连续性, $C^{1,\alpha}$ 连续性等. 传统的 Schauder 估计建立在 Newton 位势的基础上, 我们介绍的主要方法是做 Morrey 估计: 采用冻结系数法与调和函数的比较. 由于完全没有用极值原理, 这种方法可以用到椭圆型方程组上去.

§4.1　Hölder 连续

函数的 Hölder 连续性与积分的局部估计的关系是 Morrey 与 Campanato 发现的.

定义 4.1　Morrey 空间 $L^{\lambda,p}(\Omega)=\{f:[f]_{L^{\lambda,p}}<\infty\}$, 这里半范数

$$[f]_{L^{\lambda,p}}^p=\sup_{r>0}\frac{1}{r^\lambda}\int_{B_r(x_0)\cap\Omega}|f|^pdx.$$

Campanato 空间 $\mathcal{L}^{\lambda,p}(\Omega)=\{f:[f]_{\mathcal{L}^{\lambda,p}}<\infty\}$, 这里半范数

$$[f]_{\mathcal{L}^{\lambda,p}}^p=\sup_{r>0}\frac{1}{r^\lambda}\int_{B_r(x_0)\cap\Omega}|f-f_{B_r(x_0)\cap\Omega}|^pdx.$$

下面的定理是 S. Campanato 的函数 Hölder 连续性的积分描述:

定理 4.1　*假设* $u\in L^p(\Omega),1\leqslant p<\infty$, *满足*

$$\int_{B_r(x_0)}|u(x)-u_{r,x_0}|^pdx\leqslant C_0r^{n+p\alpha},\quad\forall B_r(x_0)\subset\Omega,$$

这里 $\alpha \in (0,1)$. 则 $u \in C^\alpha(\Omega)$ 且对任意紧子集 $K \subset\subset \Omega$, 存在 $C(K,\Omega,n,\alpha)$ 使得

$$\|u\|_{C^\alpha(K)} \leqslant C\left(C_0 + \|u\|_{L^p(\Omega)}\right).$$

证明　假设 $R = \operatorname{dist}(K, \partial\Omega)$. 固定 $x_0 \in K$, 假设 $0 < r_1 < r_2 \leqslant R$. 记 $u_{r,x} = \dfrac{1}{|B_r(x)|}\displaystyle\int_{B_r(x)} u(y)dy$.

$$\begin{aligned}
&\int_{B_{r_1}(x_0)} |u_{r_1,x_0} - u_{r_2,x_0}|^p dx \\
\leqslant{}& 2^{p-1}\int_{B_{r_1}(x_0)} (|u(x) - u_{r_1,x_0}|^p + |u(x) - u_{r_2,x_0}|^p)dx \\
\leqslant{}& 2^{p-1}\left(\int_{B_{r_1}(x_0)} |u(x) - u_{r_1,x_0}|^p dx + \int_{B_{r_2}(x_0)} |u(x) - u_{r_2,x_0}|^p dx\right),
\end{aligned}$$

即

$$|u_{r_1,x_0} - u_{r_2,x_0}|^p \leqslant c(n)C_0 r_1^{-n}(r_1^{n+p\alpha} + r_2^{n+p\alpha}).$$

取 $r_1 = \dfrac{R}{2^{i+1}}, r_2 = \dfrac{R}{2^i}$, 则存在 $C_1(n,p,\alpha,C_0)$ 使得

$$|u_{\frac{R}{2^{i+1}},x_0} - u_{\frac{R}{2^i},x_0}| \leqslant C_1\left(\frac{R}{2^i}\right)^\alpha.$$

于是对任意的 $N, k > 0$,

$$|u_{\frac{R}{2^{N+k}},x_0} - u_{\frac{R}{2^N},x_0}| \leqslant \sum_{i=N}^{N+k} C_1\left(\frac{R}{2^i}\right)^\alpha.$$

我们看到 $u_{\frac{R}{2^i},x_0}$ 是 Cauchy 序列, 假设

$$\lim_{i\to\infty} u_{\frac{R}{2^i},x_0} = \widetilde{u}(x_0),$$

$\widetilde{u}(x_0)$ 与序列的选取无关. 因此

$$\lim_{r\downarrow 0} u_{r,x_0} = \widetilde{u}(x_0),$$

且

$$|u_{r,x_0} - \widetilde{u}(x_0)| \leqslant Cr^\alpha.$$

由此我们看到: u_{r,x_0} 一致收敛到 $\widetilde{u}(x_0)$, 且 $\widetilde{u}(x_0) = u(x_0), a.e.$.

现在

$$|u(x)| \leqslant |u(x) - u_{R,x}| + |u_{R,x}| \leqslant CR^\alpha + |u_{R,x}|,$$

由此

$$\sup_K |u| \leqslant C(R,\alpha,n)\left(1+\|u\|_{L^p(\Omega)}\right).$$

最后估计 $[u]_{C^\alpha(K)}$. 设 $x,y\in K$, 定义 $|x-y|=r<\dfrac{R}{2}$. 则对任意的 $z\in B_r(x)\subset B_{2r}(x)\cap B_{2r}(y)$, $|u_{2r,x}-u_{2r,y}|\leqslant |u_{2r,x}-u(z)|+|u_{2r,y}-u(z)|$, 于是

$$|u_{2r,x}-u_{2r,y}|\leqslant \frac{1}{|B_r(x)|}\int_{B_r(x)}(|u_{2r,x}-u(z)|+|u_{2r,y}-u(z)|)dz.$$

$$\begin{aligned}
|u(x)-u(y)| &\leqslant |u(x)-u_{2r,x}|+|u(y)-u_{2r,y}|+|u_{2r,x}-u_{2r,y}|\\
&\leqslant Cr^\alpha+\frac{1}{|B_r(x)|}\int_{B_r(x)}(|u_{2r,x}-u(z)|+|u_{2r,y}-u(z)|)dz\\
&\leqslant Cr^\alpha+\frac{1}{|B_r|}\left(\int_{B_{2r}(x)}|u_{2r,x}-u(z)|dz+\int_{B_{2r}(y)}|u_{2r,y}-u(z)|dz\right)\\
&\leqslant Cr^\alpha+2^n\left(\frac{1}{|B_{2r}|}\int_{B_{2r}(x)}|u(z)-u_{2r,x}|^p dz\right)^{\frac{1}{p}}\\
&\quad +2^n\left(\frac{1}{|B_{2r}|}\int_{B_{2r}(y)}|u(z)-u_{2r,y}|^p dz\right)^{\frac{1}{p}}\\
&\leqslant Cr^\alpha.
\end{aligned}$$

□

我们将要建立散度型线性椭圆型方程

$$Lu\equiv \operatorname{div}(a_{ij}(x)D_iu(x))+c(x)u=f(x),\quad x\in\Omega \tag{4.1}$$

的 Hölder 连续性. 我们将假设主部系数 $a_{ij}\in C(\overline{\Omega})$:

$$\lambda|\xi|^2\leqslant a_{ij}(x)\xi_i\xi_j\leqslant \Lambda|\xi|^2,\quad 常数\lambda>0,\forall\xi\in\mathbb{R}^n.$$

定义 4.2 假设 $u\in H^1(\Omega)$, 如果成立

$$\int_\Omega -a_{ij}D_iuD_j\varphi+cu\varphi=\int_\Omega f\varphi,\quad \forall\varphi\in H_0^1(\Omega),$$

我们称 u 是方程 (4.1) 的弱解.

由 Sobolev 嵌入定理, $n\geqslant 3$ 时系数 a_{ij},c,f 的最少假设是: $a_{ij}\in L^\infty(\Omega),c\in L^{\frac{n}{2}}(\Omega)$, $f\in L^{\frac{2n}{n+2}}(\Omega)$.

我们建立正则性的主要思想是冻结主部系数, 因此先考察常系数的线性椭圆型方程:

$$a_{ij}D_{ij}u=0, \tag{4.2}$$

这里 (a_{ij}) 是常数对称正定矩阵: $\lambda|\xi|^2\leqslant a_{ij}\xi_i\xi_j\leqslant\Lambda|\xi|^2,\lambda>0$.

定理 4.2 设 u 是 (4.2) 的弱解, 下面的估计是基本的:

$$\int_{B_\rho}|\nabla u|^2\leqslant\frac{C(\Lambda/\lambda)}{(R-\rho)^2}\int_{B_R}u^2,\quad \rho<R,\quad \text{Caccioppoli 不等式};\tag{4.3}$$

$$\int_{B_{\frac{R}{2}}}u^2+|\nabla u|^2\leqslant\theta\int_{B_R}u^2+|\nabla u|^2,\quad \theta\left(n,\frac{\Lambda}{\lambda}\right)<1;\tag{4.4}$$

$$\int_{B_\rho}u^2+|\nabla u|^2\leqslant c(\theta)\left(\frac{\rho}{r}\right)^{\mu(\theta)}\int_{B_r}|u|^2+|\nabla u|^2,\quad \rho<r;\tag{4.5}$$

$$\int_{B_\rho}u^2\leqslant C\left(n,\frac{\Lambda}{\lambda}\right)\left(\frac{\rho}{r}\right)^n\int_{B_r}u^2,\quad \rho<r;\tag{4.6}$$

$$\int_{B_\rho}|u-u_\rho|^2\leqslant C\left(n,\frac{\Lambda}{\lambda}\right)\left(\frac{\rho}{r}\right)^{n+2}\int_{B_r}|u-u_r|^2,\quad u_r=⨍_{B_r}u.\tag{4.7}$$

证明 取 $\varphi\in C_0^1(B_R(x_0)),\varphi(x)\equiv1,x\in B_r$, 且 $|\nabla\varphi(x)|\leqslant\dfrac{C}{R-r}$. 由于

$$\int_\Omega a_{ij}\partial_i u\partial_j(\varphi^2u)=\int_\Omega a_{ij}\partial_i u(\partial_j u\varphi^2+2u\varphi\partial_j\varphi)=0,$$

$$\begin{aligned}\lambda\int_\Omega|\nabla u|^2\varphi^2&\leqslant2\Lambda\int_\Omega|\nabla u||\nabla\varphi||u||\varphi|\\&\leqslant\frac{\lambda}{2}\int_\Omega|\nabla u|^2\varphi^2+\frac{8\Lambda^2}{\lambda}\int_\Omega|u|^2|\nabla\varphi|^2,\end{aligned}$$

即

$$\int_\Omega|\nabla u|^2\varphi^2\leqslant16\left(\frac{\Lambda}{\lambda}\right)^2\int_\Omega|u|^2|\nabla\varphi|^2.$$

因此得到 (4.3):

$$\int_{B_r}|\nabla u|^2\leqslant\frac{C(\Lambda/\lambda)}{(R-r)^2}\int_{B_R}u^2,\quad \text{Caccioppoli 不等式}.$$

显然也有

$$\int_{B_r}|\nabla u|^2\leqslant\frac{C(\Lambda/\lambda)}{(R-r)^2}\int_{B_R\setminus B_r}(u-c_0)^2,\quad \forall c_0.$$

取 $c_0=⨍_{B_R\setminus B_{\frac{R}{2}}}u$, 由 Poincaré 不等式,

$$\int_{B_{\frac{R}{2}}}|\nabla u|^2\leqslant c\left(n,\frac{\Lambda}{\lambda}\right)\int_{B_R\setminus B_{\frac{R}{2}}}|\nabla u|^2,$$

补洞技巧, 存在 $\theta_1 = \dfrac{c(n,\Lambda/\lambda)}{1+c(n,\Lambda/\lambda)} < 1$,

$$\int_{B_{\frac{R}{2}}} |\nabla u|^2 \leqslant \theta_1 \int_{B_R} |\nabla u|^2.$$

由于

$$\int_\Omega |\nabla(\varphi u)|^2 \leqslant \int_\Omega |\nabla\varphi|^2|u|^2 + |\nabla u|^2\varphi^2 \leqslant C\left(\frac{\Lambda}{\lambda}\right)\int_\Omega |\nabla\varphi|^2|u|^2,$$

取 $r = \dfrac{R}{2}$,

$$\int_{B_{\frac{R}{2}}} |u|^2 \leqslant \int_\Omega (\varphi u)^2 \leqslant c(n)R^2 \int_{B_R} |\nabla(\varphi u)|^2 \leqslant C\left(\frac{\Lambda}{\lambda}\right)\int_{B_R\setminus B_{\frac{R}{2}}} |u|^2,$$

补洞技巧, $\theta_2 = \dfrac{C}{1+C} < 1$,

$$\int_{B_{\frac{R}{2}}} |u|^2 \leqslant \theta_2 \int_{B_R} |u|^2.$$

于是, 取 $\theta\left(n, \dfrac{\Lambda}{\lambda}\right) = \max(\theta_1, \theta_2) < 1$, 有 (4.4):

$$\int_{B_{\frac{R}{2}}} |u|^2 + |\nabla u|^2 \leqslant \theta \int_{B_R} |u|^2 + |\nabla u|^2.$$

对 $0 < \rho < r$, 存在 $k \geqslant 0$,

$$\frac{r}{2^{k+1}} < \rho \leqslant \frac{r}{2^k}.$$

则

$$\int_{B_\rho} |u|^2 + |\nabla u|^2 \leqslant \int_{B_{\frac{r}{2^k}}} |u|^2 + |\nabla u|^2 \leqslant \theta^k \int_{B_r} |u|^2 + |\nabla u|^2.$$

现在

$$\frac{r}{2\rho} < 2^k \leqslant \frac{r}{\rho}, \quad \log\frac{r}{2\rho}/\log 2 < k \leqslant \log\frac{r}{\rho}/\log 2,$$

$$\theta^k = e^{k\log\theta} \leqslant e^{\log\theta\log\frac{r}{2\rho}/\log 2} = \theta^{-1}\left(\frac{\rho}{r}\right)^{\frac{|\log\theta|}{\log 2}},$$

故有 (4.5):

$$\int_{B_\rho} u^2 + |\nabla u|^2 \leqslant c\left(\frac{\rho}{r}\right)^\mu \int_{B_r} |u|^2 + |\nabla u|^2, \quad \rho < r.$$

对于对称正定矩阵 $A=(a_{ij})$, 存在正交变换 $T=(t_{ij})$, 使得

$$TAT^{-1}=\mathrm{diag}\,(\lambda_1,\cdots,\lambda_n).$$

令

$$x_i=\sqrt{\lambda_j}t_{ji}z_j,\quad z_i=\frac{t_{ij}x_j}{\sqrt{\lambda_i}},$$

则

$$a_{ij}D_{ij}u(x)=\Delta_z u=0.$$

由于

$$|x|^2=\sum_j\lambda_j z_j^2,\quad \lambda|z|^2\leqslant|x|^2\leqslant\Lambda|z|^2,$$

令 $v(z)=u(x)$, 则 $v(z),\partial_z v(z)$ 调和, 对任意的 $z_0\in B_r(0)$, 由调和函数的平均值性质和梯度估计我们有:

$$|v(z_0)|\leqslant\left(⨍_{B_r(z_0)}v^2(z)dz\right)^{\frac{1}{2}},$$

$$|Dv(z_0)|\leqslant\frac{n}{r}\max_{B_r(z_0)}|v(z)|\leqslant\frac{c(n)}{r}\left(⨍_{B_{2r}(0)}v^2\right)^{\frac{1}{2}}.$$

由于当 $x_0\in B_r(0)$ 时, $z_0\in B_{\frac{r}{\sqrt{\lambda}}}(0)$, 记 $R=\dfrac{r}{\sqrt{\lambda}}$,

$$\begin{aligned}|u(x_0)|=|v(z_0)|&\leqslant c(n)\left(⨍_{B_{2R}(0)}v^2(z)dz\right)^{\frac{1}{2}}\\&\leqslant c(n)\left(\frac{1}{|B_{2R}(0)|}\int_{B_{\sqrt{\Lambda}2R}(0)}u^2(x)\left|\det\left(\frac{t_{ij}}{\sqrt{\lambda_i}}\right)\right|dx\right)^{\frac{1}{2}}\\&=c(n)\left(\frac{1}{\sqrt{\det(a_{ij})}|B_{2R}(0)|}\int_{B_{\sqrt{\Lambda}2R}(0)}u^2(x)dx\right)^{\frac{1}{2}},\\|Du(x_0)|&=\sqrt{\sum_k\frac{(D_k v(z_0))^2}{\lambda_k}}\leqslant\frac{|Dv(z_0)|}{\sqrt{\lambda}}\\&\leqslant\frac{c(n)}{\sqrt{\lambda}2R}\left(⨍_{B_{2R}(0)}v^2\right)^{\frac{1}{2}}\\&=\frac{c(n)}{\sqrt{\lambda}2R}\left(\frac{1}{\sqrt{\det(a_{ij})}|B_{2R}(0)|}\int_{B_{\sqrt{\Lambda}2R}(0)}u^2(x)dx\right)^{\frac{1}{2}}.\end{aligned}$$

即

$$\|u\|_{L^\infty(B_r(0))} \leqslant \frac{c(n)}{\lambda^{\frac{n}{4}}} \frac{1}{R^{\frac{n}{2}}} \|u\|_{L^2(B_{\sqrt{\Lambda}2R}(0))},$$

$$\|Du\|_{L^\infty(B_r(0))} \leqslant \frac{c(n)}{\lambda^{\frac{n+2}{4}} R^{\frac{n+2}{2}}} \|u\|_{L^2(B_{\sqrt{\Lambda}2R}(0))}.$$

对任意的 $\rho \in (0, r]$, 记 $R = \dfrac{\sqrt{\Lambda}}{\sqrt{\lambda}} 2r$, 我们得到 (4.6)

$$\int_{B_\rho(0)} u^2 dx \leqslant c(n)\rho^n \|u\|^2_{L^\infty(B_r(0))} \leqslant c(n) \left(\frac{\Lambda}{\lambda}\right)^{\frac{n}{2}} \left(\frac{\rho}{R}\right)^n \int_{B_R(0)} u^2 dx,$$

和 (4.7)

$$\begin{aligned}\int_{B_\rho(0)} |u - u_{\rho,0}|^2 &\leqslant c(n) \int_{B_\rho} \rho^2 |\nabla u|^2 \\ &\leqslant c(n)\rho^{n+2} \|\nabla u\|^2_{L^\infty(B_r)} \\ &\leqslant c(n) \left(\frac{\Lambda}{\lambda}\right)^{\frac{n+2}{2}} \left(\frac{\rho}{R}\right)^{n+2} \int_{B_R(0)} |u - u_{R,0}|^2 dx. \qquad \square\end{aligned}$$

下面是这节的两个主要定理:

定理 4.3 如果 $u \in H^1(\Omega)$ 是 (4.1) 的弱解, 且假设 $c \in L^n(\Omega), f \in L^q(\Omega)$, $q \in \left(\dfrac{n}{2}, n\right)$, 则 $u \in C^\alpha(\Omega)$, 并且存在常数 $C(\lambda, \Lambda, \omega, \Omega', \|c\|_{L^n(\Omega)})$ 使得

$$\|u\|_{C^\alpha(\Omega')} \leqslant C\left(\|u\|_{H^1(\Omega)} + \|f\|_{L^q(\Omega)}\right).$$

这里 ω 是 a_{ij} 的连续模, $\alpha = 2 - \dfrac{n}{q}$.

证明 1° 固定 $x_0 \in \Omega$, 设 $B_r(x_0) \subset \Omega$. 考察 Dirichlet 问题

$$\begin{cases} a_{ij}(x_0) D_{ij} w(x) = 0, & x \in B_r(x_0), \\ w(x) = u(x), & x \in \partial B_r(x_0). \end{cases} \tag{4.8}$$

则存在唯一解 w, 并且存在常数 C 使得对任意的 $0 < \rho \leqslant r$,

$$\int_{B_\rho(x_0)} |Dw|^2 dx \leqslant C\left(\frac{\rho}{r}\right)^n \int_{B_r(x_0)} |Dw|^2, \tag{4.9}$$

$$\int_{B_\rho(x_0)} |Dw - (Dw)_{\rho,x_0}|^2 dx \leqslant C\left(\frac{\rho}{r}\right)^{n+2} \int_{B_r(x_0)} |Dw - (Dw)_{r,x_0}|^2. \tag{4.10}$$

2° 将 u 与 w 比较,

$$\begin{aligned}\int_{B_\rho(x_0)}|Du|^2dx &\leqslant 2\int_{B_\rho(x_0)}(|Dw|^2+|D(u-w)|^2)dx\\ &\leqslant C\left(\frac{\rho}{r}\right)^n\int_{B_r(x_0)}|Dw|^2dx+2\int_{B_r(x_0)}|D(u-w)|^2dx\\ &\leqslant C\left(\frac{\rho}{r}\right)^n\int_{B_r(x_0)}|Du|^2dx+C\left(1+\left(\frac{\rho}{r}\right)^n\right)\int_{B_r(x_0)}|D(u-w)|^2dx.\end{aligned}$$

3° 估计 $v\equiv u-w$: $\int_{B_r(x_0)}|D(u-w)|^2dx$. 从方程 (4.1), (4.8) 我们看到: v 满足 $\forall\varphi\in H_0^1(B_r(x_0))$,

$$\int_{B_r(x_0)}a_{ij}(x_0)D_ivD_j\varphi=\int_{B_r(x_0)}f\varphi-cu\varphi+(a_{ij}(x_0)-a_{ij}(x))D_iuD_j\varphi.$$

取 $\varphi=v$, 从上面的方程我们得到, 假设 $n\geqslant 3$,

$$\begin{aligned}\int_{B_r(x_0)}|Dv|^2dx &\leqslant C\omega(r)^2\int_{B_r(x_0)}|Du|^2dx+C\left(\int_{B_r(x_0)}|c|^ndx\right)^{\frac{2}{n}}\int_{B_r(x_0)}u^2dx\\ &\quad+C\left(\int_{B_r(x_0)}|f|^{\frac{2n}{n+2}}dx\right)^{\frac{n+2}{n}}\\ &\leqslant C\omega(r)^2\int_{B_r(x_0)}|Du|^2dx+C\|c\|^2_{L^n(B_r(x_0))}\int_{B_r(x_0)}u^2dx\\ &\quad+Cr^{n-2+2\alpha}\left(\int_{B_r(x_0)}|f|^qdx\right)^{\frac{2}{q}},\end{aligned}$$

这里 $\omega(r)=\|a_{ij}(x)-a_{ij}(x_0)\|_{C(\overline{B_r(x_0)})}$ 是 a_{ij} 在 $B_r(x_0)$ 上的连续模, $\alpha=2-\dfrac{n}{q}$.

结合 2° 我们有

$$\begin{aligned}\int_{B_\rho(x_0)}|Du|^2dx &\leqslant C\left(\left(\frac{\rho}{r}\right)^n+\omega(r)^2\right)\int_{B_r(x_0)}|Du|^2dx\\ &\quad+C\|c\|^2_{L^n(B_r(x_0))}\int_{B_r(x_0)}u^2dx+Cr^{n-2+2\alpha}\|f\|^2_{L^q(\Omega)}.\end{aligned}\tag{4.11}$$

当 $n=2$ 时, 使用不等式 $\|v\|_{L^p(B_r(x_0))}\leqslant C(p)r^{\frac{2}{p}}\|\nabla v\|_{L^2(B_r(x_0))}$, $\forall p>1$,

$$\int_{B_r(x_0)}|Dv|^2\leqslant C\omega(r)^2\int_{B_r(x_0)}|Du|^2dx+C\left(\|c\|^2_{L^2(\Omega)}\|u\|^2_{L^{\frac{2q'}{q'-2}}(\Omega)}+\|f\|^2_{L^q(\Omega)}\right)r^{2\alpha},$$

$$
\begin{aligned}
\int_{B_r(x_0)} |Du|^2 \leqslant\ & C\left(\left(\frac{\rho}{r}\right)^n + \omega(r)^2\right)\int_{B_r(x_0)} |Du|^2 dx \\
& + C\left(\|c\|^2_{L^2(\Omega)}\|u\|^2_{L^{\frac{2q'}{q'-2}}(\Omega)} + \|f\|^2_{L^q(\Omega)}\right) r^{2\alpha}.
\end{aligned}
$$

4° 我们需要下面的分析引理:

引理 4.1 假设 $\phi(r)$ 是 $[0,R]$ 上非负单调上升的函数, 且满足

$$
\phi(\rho) \leqslant A\left(\left(\frac{\rho}{r}\right)^\alpha + \varepsilon\right)\phi(r) + B\, r^\beta,
$$

这里 $0<\rho\leqslant r\leqslant R, 0<\beta<\alpha, A, B$ 是非负常数. 则对任意的 $\gamma\in(\beta,\alpha)$, 存在 $\varepsilon_0(A,\alpha,\beta,\gamma)>0$ 使得当 $\varepsilon<\varepsilon_0$ 时,

$$
\phi(\rho) \leqslant C\left(\left(\frac{\rho}{r}\right)^\gamma \phi(r) + B\,\rho^\beta\right).
$$

引理 4.1 的证明 设 $\tau\in(0,1)$, 则

$$
\phi(\tau r) \leqslant A\tau^\alpha(1+\varepsilon\tau^{-\alpha})\phi(r) + Br^\beta.
$$

选取 τ 使得 $2A\tau^\alpha = \tau^\gamma$. 对这样的 τ 选取 ε_0 使得 $\varepsilon_0\tau^{-\alpha}\leqslant 1$, 则

$$
\phi(\tau r) \leqslant \tau^\gamma\phi(r) + Br^\beta.
$$

于是迭代

$$
\begin{aligned}
\phi(\tau^{k+1}r) &\leqslant \tau^\gamma\phi(\tau^k r) + B(\tau^k r)^\beta \\
&\leqslant \tau^{(k+1)\gamma}\phi(r) + B(\tau^k r)^\beta \sum_{j=0}^{k} \tau^{j(\gamma-\beta)} \\
&\leqslant \tau^{(k+1)\gamma}\phi(r) + \frac{B(\tau^k r)^\beta}{1-\tau^{\gamma-\beta}}.
\end{aligned}
$$

对任意的 $\rho>0$ 选取 k 使得 $\tau^{k+1}r<\rho\leqslant\tau^k r$, 因此

$$
\phi(\rho) \leqslant \frac{1}{\tau^\gamma}\left(\frac{\rho}{r}\right)^\gamma \phi(r) + \frac{B\rho^\beta}{\tau^{2\beta}(1-\tau^{\gamma-\beta})}.
$$

引理证毕.

5° 回到定理的证明. 由引理 4.1, 当 $n=2$ 时

$$
\int_{B_\rho(x_0)} |Du|^2 \leqslant C\rho^{2\alpha},
$$

结论成立. 对 $n \geqslant 3$, 我们需要估计

$$\phi(r)=\int_{B_r(x_0)} u^2 dx.$$

我们假设

$$\|u\|_{H^1(\Omega)} \leqslant M.$$

则对任意的 $0<\rho \leqslant r \leqslant 1$,

$$\int_{B_\rho(x_0)} |Du|^2 dx \leqslant M.$$

于是

$$\begin{aligned}\int_{B_\rho(x_0)} |u|^2 dx &\leqslant 2\int_{B_\rho(x_0)} \left(|u-u_{r,x_0}|^2+|u_{r,x_0}|^2\right) dx\\ &\leqslant c(n)Mr^2+c(n)\left(\frac{\rho}{r}\right)^n \int_{B_r(x_0)} u^2 dx,\end{aligned}$$

即

$$\phi(\rho) \leqslant C\left(\left(\frac{\rho}{r}\right)^n \phi(r)+Mr^2\right). \tag{4.12}$$

由引理 4.1, (4.12) 隐含着对固定的 $r>0$,

$$\phi(\rho)=\int_{B_\rho(x_0)} u^2 dx \leqslant C(M,r)\rho^2.$$

代入到 (4.11), 我们得到

$$\int_{B_\rho(x_0)} |Du|^2 dx \leqslant A\left(\left(\frac{\rho}{r}\right)^n+\omega(r)^2\right)\int_{B_r(x_0)} |Du|^2 dx+Br^2, \tag{4.13}$$

其中 $A=C, B=C(M,r,\|c\|_{L^n(\Omega)},\|f\|_{L^{\frac{2n}{n+2}}(\Omega)})$. 由于 $\omega(r)\to 0$, 再应用引理 4.1 于积分

$$\Phi(\rho)=\int_{B_\rho(x_0)} |Du|^2 dx,$$

得到当 $0<\rho \leqslant r \leqslant 1$ 时,

$$\int_{B_\rho(x_0)} |Du|^2 dx \leqslant C(B)\rho^2.$$

如果 $n-2+2\alpha \leqslant 2$, 则从上式用 $n-2+2\alpha$ 代替 2, 我们完成证明. 否则,

$$\int_{B_\rho(x_0)} |Du|^2 dx \leqslant C(B)\rho^2,$$

从得到 (4.12) 的过程我们看到

$$\phi(\rho) \leqslant C\left(\left(\frac{\rho}{r}\right)^n \phi(r) + C(B)r^4\right). \tag{4.14}$$

于是再一次应用引理 4.1 于 (4.14), 我们得到

$$\phi(\rho) = \int_{B_\rho(x_0)} u^2 dx \leqslant C(B)\rho^\delta,$$

这里 $\delta > 2$. 代入到 (4.11), 我们得到

$$\int_{B_\rho(x_0)} |Du|^2 dx \leqslant A\left(\left(\frac{\rho}{r}\right)^n + \omega(r)^2\right)\int_{B_r(x_0)} |Du|^2 dx + Br^{\delta_1}, \tag{4.15}$$

这里 $\delta_1 = \min\{\delta, n-2+2\alpha\}$. 因而

$$\int_{B_\rho(x_0)} |Du|^2 \leqslant C\rho^{\delta_1}.$$

有限步后我们可以完成证明. □

定理 4.4 假设 $a_{ij} \in C^\alpha(\overline{\Omega}), c, f \in L^q(\Omega), q > n, \alpha = 1 - \dfrac{n}{q}, u \in H^1(\Omega)$ 是方程 (4.1) 之解. 则 $u \in C^{1,\alpha}(\Omega)$, 并且存在常数 $C(\lambda, \Lambda, \|a_{ij}\|_{C^\alpha(\overline{\Omega})}, \|c\|_{L^n(\Omega)})$ 使得

$$\|u\|_{C^{1,\alpha}(\Omega')} \leqslant C\left(\|u\|_{H^1(\Omega)} + \|f\|_{L^q(\Omega)}\right).$$

证明 使用上面定理证明中记号. 类似于 (4.11), 对任意的 $0 < \rho \leqslant r$,

$$\begin{aligned}
\int_{B_\rho(x_0)} |Du|^2 dx \leqslant{}& C\left(\left(\frac{\rho}{r}\right)^n + \omega(r)^2\right)\int_{B_r(x_0)} |Du|^2 dx \\
&+ C\left(\int_{B_r(x_0)} |c|^n dx\right)^{\frac{2}{n}} \int_{B_r(x_0)} u^2 dx \\
&+ C\left(\int_{B_r(x_0)} |f|^{\frac{2n}{n+2}} dx\right)^{\frac{n+2}{n}} \\
\leqslant{}& C\left(\left(\frac{\rho}{r}\right)^n + \omega(r)^2\right)\int_{B_r(x_0)} |Du|^2 dx \\
&+ Cr^{2\alpha}\int_{B_r(x_0)} u^2 dx + Cr^{n+2\alpha}\left(\int_{B_r(x_0)} |f|^q dx\right)^{\frac{2}{q}},
\end{aligned}$$

这里 $\alpha = 1 - \dfrac{n}{q}$. 利用 (4.10),

$$
\begin{aligned}
&\int_{B_\rho(x_0)} |Du - (Du)_{\rho,x_0}|^2 \\
\leqslant\ & 2\int_{B_\rho(x_0)} (|Dw - (Dw)_{\rho,x_0}|^2 + |D(u-w) - (D(u-w))_{\rho,x_0}|^2)dx \\
\leqslant\ & 2\int_{B_\rho(x_0)} (|Dw - (Dw)_{\rho,x_0}|^2 + 2|D(u-w)|^2)dx \\
\leqslant\ & C\left(\frac{\rho}{r}\right)^{n+2}\int_{B_r(x_0)} |Dw - (Dw)_{r,x_0}|^2 dx + C\int_{B_r(x_0)} |D(u-w)|^2 \\
\leqslant\ & C\left(\frac{\rho}{r}\right)^{n+2}\int_{B_r(x_0)} |Du - (Du)_{r,x_0}|^2 dx + C\left(1 + \left(\frac{\rho}{r}\right)^{n+2}\right)\int_{B_r(x_0)} |D(u-w)|^2 \\
\leqslant\ & C\left(\frac{\rho}{r}\right)^{n+2}\int_{B_r(x_0)} |Du - (Du)_{r,x_0}|^2 dx \\
& + C\omega(r)^2\int_{B_r(x_0)} |Du|^2 dx + C\left(\int_{B_r(x_0)} |c|^n dx\right)^{\frac{2}{n}}\int_{B_r(x_0)} u^2 dx \\
& + C\left(\int_{B_r(x_0)} |f|^{\frac{2n}{n+2}} dx\right)^{\frac{n+2}{n}} \\
\leqslant\ & C\left(\frac{\rho}{r}\right)^{n+2}\int_{B_r(x_0)} |Du - (Du)_{r,x_0}|^2 \\
& + C\omega(r)^2\int_{B_r(x_0)} |Du|^2 dx + Cr^{2\alpha}\int_{B_r(x_0)} |u|^2 dx + Cr^{n+2\alpha}\|f\|^2_{L^q(\Omega)}.
\end{aligned}
$$

即我们有两个重要的估计:

$$
\begin{aligned}
\int_{B_\rho(x_0)} |Du|^2 dx \leqslant\ & C\left(\left(\frac{\rho}{r}\right)^n + \omega(r)^2\right)\int_{B_r(x_0)} |Du|^2 dx \\
& + Cr^{2\alpha}\int_{B_r(x_0)} u^2 dx + Cr^{n+2\alpha}\|f\|^2_{L^q(\Omega)},
\end{aligned} \tag{4.16}
$$

$$
\begin{aligned}
\int_{B_\rho(x_0)} |Du - (Du)_{\rho,x_0}|^2 \leqslant\ & C\left(\frac{\rho}{r}\right)^{n+2}\int_{B_r(x_0)} |Du - (Du)_{r,x_0}|^2 \\
& + Cr^{2\alpha}\|u\|^2_{H^1(B_r(x_0))} + Cr^{n+2\alpha}\|f\|^2_{L^q(\Omega)}.
\end{aligned} \tag{4.17}
$$

我们可以假设 $\|u\|_{L^\infty(\Omega')} \leqslant C$, 这里 $\Omega' \subset\subset \Omega$ 是一个紧子集. (4.16) 能够写成

$$
\int_{B_\rho(x_0)} |Du|^2 dx \leqslant C\left(\left(\frac{\rho}{r}\right)^n + \omega(r)^2\right)\int_{B_r(x_0)} |Du|^2 dx + Cr^n,
$$

引理 4.1 隐含着存在 $r_0>0$ 使得对任意的 $0<\rho\leqslant r\leqslant r_0$,

$$\int_{B_\rho(x_0)}|Du|^2dx\leqslant C\rho^{n-2\varepsilon},\quad \varepsilon\in(0,\alpha).$$

于是 (4.17) 成为

$$\int_{B_\rho(x_0)}|Du-(Du)_{\rho,x_0}|^2\leqslant C\left(\frac{\rho}{r}\right)^{n+2}\int_{B_r(x_0)}|Du-(Du)_{r,x_0}|^2+Cr^{n+2(\alpha-\varepsilon)}.$$

再一次应用引理 4.1, 我们得到: 当 $0<\rho\leqslant r\leqslant r_0$ 时,

$$\int_{B_\rho(x_0)}|Du-(Du)_{\rho,x_0}|^2dx\leqslant C\rho^{n+2(\alpha-\varepsilon)}.$$

因此 $Du\in C^{\alpha-\varepsilon}(\Omega)$. 特别地, 假设 $\|Du\|_{L^\infty(\Omega')}\leqslant C$, 则 $\|u\|^2_{H^1(B_r(x_0))}\leqslant Cr^n$. 从 (4.17) 我们看到, 引理 4.1 隐含着

$$\int_{B_\rho(x_0)}|Du-(Du)_{\rho,x_0}|^2\leqslant C\rho^{n+2\alpha},$$

即 $Du\in C^\alpha(\Omega)$. □

§4.2 全局 Hölder 连续

这一节我们给出了全局的 Hölder 估计.

定理 4.5 假设 $\Omega\subset\mathbb{R}^n$ 是 C^1 有界区域, $\varphi\in H^1(\Omega)$, 并且 $\nabla\varphi\in L^{n-2+2\alpha,2}(\Omega)$. 如果 $u\in H^1(\Omega)$ 是 (4.1) 的弱解, 并且满足 $u(x)=\varphi(x),\forall x\in\partial\Omega$, 且假设 $c\in L^n(\Omega),f\in L^q(\Omega),q\in\left(\dfrac{n}{2},n\right)$, 则 $u\in C^\alpha(\overline{\Omega})$, 且存在常数 $C(\lambda,\Lambda,\omega,\|c\|_{L^q(\Omega)})$ 使得

$$\|u\|_{C^\alpha(\overline{\Omega})}\leqslant C\left(\|u\|_{H^1(\Omega)}+\|f\|_{L^q(\Omega)}+[\nabla\varphi]_{L^{n-2+2\alpha,2}(\Omega)}\right).$$

这里 ω 是 a_{ij} 的连续模, $\alpha=2-\dfrac{n}{q}$.

证明 令 $v(x)=u(x)-\varphi(x)$, 则 $v\in H^1_0(\Omega)$ 满足

$$\int_\Omega a_{ij}(x)D_ivD_j\eta-cv\eta=-\int_\Omega f\eta+a_{ij}(x)D_i\varphi D_j\eta,\quad \forall\eta\in H^1_0(\Omega).\tag{4.18}$$

设 $x_0\in\partial\Omega$. 于是存在邻域 $\mathcal{N}(x_0)$ 和 C^1 可逆映射 $\Phi:\Omega\cap\mathcal{N}(x_0)\to\mathbb{R}^n_+$, 记 $\widetilde{v}(y)=v(\Phi^{-1}(y)),\widetilde{\eta}(y)=\eta(\Phi^{-1}(y)),\widetilde{\varphi}(y)=\varphi(\Phi^{-1}(y)),\widetilde{c}(y)=c(\Phi^{-1}(y)),\widetilde{f}(y)=f(\Phi^{-1}(y))$, $y_0=\Phi(x_0)$, 设 $R>0$ 适当小使得 $B_R(y_0)\subset\Phi(\mathcal{N}(x_0))$, $B^+_R(y_0)=$

$B_R(y_0)\cap\Phi(\Omega\cap\mathcal{N}(x_0))$, 我们有

$$\begin{aligned}&\int_{B_R^+(y_0)}(\widetilde{a_{ij}}(y)D_i\widetilde{v}D_j\eta-\widetilde{c}\widetilde{v}\eta)\,dy\\&=-\int_{B_R^+(y_0)}\left(\widetilde{f}\eta+\widetilde{a_{ij}}(y)D_i\widetilde{\varphi}D_j\eta\right)dy,\quad\forall\eta\in H_0^1(B_R^+(y_0)),\end{aligned}\tag{4.19}$$

这里 $\widetilde{a_{kl}}(y)=a_{ij}\dfrac{\partial y_k}{\partial x_i}\dfrac{\partial y_l}{\partial x_j}$. 考察线性椭圆型方程

$$\begin{cases}\widetilde{a_{ij}}(y_0)D_{ij}w(y)=0, & y\in B_R^+(y_0),\\ w(y)=\widetilde{v}(y), & y\in\partial B_R^+(y_0).\end{cases}$$

由于 $\widetilde{v}(y)=0,y\in\partial B_R^+(y_0)\cap\{y_n=0\}$, 将 $w,\widetilde{v}$ 做奇延拓到下半球, 即在 $\{y\in\mathbb{R}^n:y_n<0\}$ 上, 令 $w(y',y_n)=-w(y',-y_n),\widetilde{v}(y',y_n)=-\widetilde{v}(y',-y_n)$. 延拓后的函数仍记为 $w,\widetilde{v}$. 则 w 满足

$$\begin{cases}\widetilde{a_{ij}}(y_0)D_{ij}w(y)=0, & y\in B_R(y_0),\\ w(y)=\widetilde{v}(y), & y\in\partial B_R(y_0).\end{cases}\tag{4.20}$$

并且存在常数 C 使得对任意的 $0<\rho\leqslant R$,

$$\int_{B_\rho^+(y_0)}|Dw|^2\leqslant C\left(\frac{\rho}{R}\right)^n\int_{B_R^+(y_0)}|Dw|^2,\tag{4.21}$$

$$\int_{B_\rho^+(y_0)}|Dw-(Dw)_{B_\rho^+(y_0)}|^2\leqslant C\left(\frac{\rho}{R}\right)^{n+2}\int_{B_R(y_0)}|Dw-(Dw)_{B_R^+(y_0)}|^2.\tag{4.22}$$

由于 $\forall\eta\in H_0^1(B_R^+(y_0))$,

$$\begin{aligned}&\int_{B_R^+(y_0)}\widetilde{a}_{ij}(y_0)D_i(\widetilde{v}-w)D_j\eta\\&=\int_{B_R^+(y_0)}\widetilde{f}\eta-\widetilde{a}_{ij}(y)D_i\varphi D_j\eta-\widetilde{c}\widetilde{v}\eta+(\widetilde{a}_{ij}(y)-\widetilde{a}_{ij}(y_0))D_i\widetilde{v}D_j\eta,\end{aligned}$$

取 $\eta=\widetilde{v}-w$, 得到

$$\begin{aligned}&\int_{B_R^+(y_0)}|D\widetilde{v}-Dw|^2\\&\leqslant C\omega(R)^2\int_{B_R^+(y_0)}|D\widetilde{v}|^2+CR^{n-2+2\alpha}\|\widetilde{f}\|_{L^q}^2+C\|\widetilde{c}\|_{L^n}^2\int_{B_R^+(y_0)}|\widetilde{v}|^2\\&\quad+C\int_{B_R^+(y_0)}|\nabla\varphi|^2.\end{aligned}$$

注意到 $\nabla\varphi$ 在 Morrey 空间中, 我们有

$$\int_{B_\rho^+(y_0)} |D\widetilde{v}|^2 dx \leqslant C\left(\left(\frac{\rho}{R}\right)^n + \omega(R)^2\right)\int_{B_R^+(y_0)} |D\widetilde{v}|^2 dy + C\int_{B_R^+(y_0)} \widetilde{v}^2 dy$$
$$+ Cr^{n-2+2\alpha}\left([\nabla\widetilde{\varphi}]^2_{L^{n-2+2\alpha,2}(B_R^+(y))} + \|\widetilde{f}\|^2_{L^q(B_R^+(y_0))}\right). \quad (4.23)$$

从而

$$\int_{B_\rho^+(y_0)} |D\widetilde{v}|^2 \leqslant C\rho^{n-2+2\alpha}.$$

回到 u 我们完成证明. □

类似地, 我们有

定理 4.6 假设 $\Omega\subset\mathbb{R}^n$ 是 $C^{1,\alpha}$ 有界区域, $\varphi\in H^1(\Omega)$, 并且 $\nabla\varphi\in\mathcal{L}^{n+2\alpha,2}(\Omega)$. 假设 $a_{ij}\in C^\alpha(\overline{\Omega}), c, f\in L^q(\Omega), q>n, \alpha = 1-\dfrac{n}{q}, u\in H^1(\Omega)$ 是方程 (4.1) 之解, 并且满足 $u(x)=\varphi(x), \forall x\in\partial\Omega$. 则 $u\in C^{1,\alpha}(\overline{\Omega})$, 并且存在常数 $C(\lambda,\Lambda,\|a_{ij}\|_{C^\alpha(\overline{\Omega})}, \|c\|_{L^q(\Omega)})$ 使得

$$\|u\|_{C^{1,\alpha}(\overline{\Omega})} \leqslant C\left(\|u\|_{H^1(\Omega)} + \|f\|_{L^q(\Omega)} + [\nabla\varphi]_{\mathcal{L}^{n+2\alpha,2}(\Omega)}\right).$$

注解 4.1 即使 $f\in C(\overline{\Omega})$, 我们一般也不能有 $u\in C^2_{loc}(\Omega)$:

$$u(x) = (x_1^2 - x_2^2)(-\log|x|)^{\frac{1}{2}} \in C(B)\cap C^\infty(B\backslash\{0\}),$$

满足方程

$$\Delta u = \frac{x_1^2 - x_2^2}{2|x|^2}\left(\frac{n+2}{(-\log|x|)^{\frac{1}{2}}} + \frac{1}{2(-\log|x|)^{\frac{3}{2}}}\right).$$

但

$$\lim_{|x|\to 0}\partial^2_{x_1x_1}u(x) = \infty.$$

习 题 4

1. 设 $\Omega\subset\mathbb{R}^n, u\in W^{1,p}(\Omega), p>1$ 满足方程

$$\int_\Omega |\nabla u|^{p-2}\nabla u\nabla\varphi = 0, \forall\varphi\in C_0^\infty(\Omega),$$

称 u 是 p 调和函数. 利用 Caccioppoli 不等式和补洞技巧证明当 $p=n$ 时, $u\in C^\alpha(\Omega)$, $\alpha\in(0,1)$.

2. 证明定理 4.6.

3. 证明当 $n=2$ 时, $\forall v\in H_0^1(B_r(x_0))$,

$$\|v\|_{L^p(B_r(x_0))} \leqslant C(p)r^{\frac{2}{p}}\|\nabla v\|_{L^2(B_r(x_0))}, \forall p>1.$$

第五章 De Giorgi-Nash-Moser 理论

这一章我们研究主部系数有界的散度型椭圆型方程的解的有界性和 Hölder 连续性. 这里冻结系数的摄动方法失效. 回顾历史, 在 1957 年之前, 为获得变系数线性椭圆型方程解的 C^α 光滑性, 一般要求主部系数具有连续性质, 1957 年意大利著名数学家 E. De Giorgi 证明了散度型椭圆型方程当主部系数属于 L^∞ 时, 解 Hölder 连续. De Giorgi 的这种证明方法后来被称为 De Giorgi 迭代. 与此同时, J. Nash 也独立地得到了这个定理在抛物方程的主部系数 L^∞ 的情形. J. Moser 后来又给出了 De Giorgi 定理不同的证明, 并应用到抛物方程. 故这种方法也称为 De Giorgi-Nash-Moser 理论. De Giorgi 的证明过程分为三部分: 解的有界性估计、解的下解估计 —— 弱 Harnack 不等式、Hölder 连续性证明. 其迭代的技巧在证明过程中被广泛使用.

§5.1 De Giorgi 估计

线性椭圆型方程

$$Lu \equiv \operatorname{div}(a_{ij}(x)D_iu) + c(x)u = f, \quad x \in \Omega. \tag{5.1}$$

主部系数 $a_{ij} \in L^\infty(\Omega)$ 满足

$$\lambda|\xi|^2 \leqslant a_{ij}\xi_i\xi_j \leqslant \Lambda|\xi|^2, \quad \forall \xi \in \mathbb{R}^n, \quad \lambda > 0. \tag{5.2}$$

定义 5.1 如果对任意的 $\varphi \in H_0^1(\Omega)$, $\varphi \geqslant 0$ 成立

$$\int_\Omega a_{ij}(x)D_iuD_j\varphi + (f - cu)\varphi \leqslant (\geqslant)\ 0,$$

则称 u 是方程 (5.1) 的一个下 (上) 解.

定理 5.1 假设 $u \in H^1(\Omega)$ 是方程 (5.1) 的下解, 主部系数满足 (5.2), $c, f \in L^q(\Omega), q > \dfrac{n}{2}$. 则 $u^+ \in L^\infty_{loc}(\Omega)$, 并且对任意的紧子集 $\Omega' \subset\subset \Omega, p > 0$,

$$\|u^+\|_{L^\infty(\Omega')} \leqslant C(n, \lambda, \Lambda, p, q, \|c\|_{L^q(\Omega)}, \Omega') \left(\|u\|_{L^p(\Omega)} + \|f\|_{L^q(\Omega)}\right).$$

证明 我们采用 De Giorgi 的迭代技巧来证明这个定理. 设 $v = (u-k)^+, k > 0$, 取 $\varphi = v\eta^2, \eta \in C_0^\infty(\Omega)$. 则

$$\int_\Omega a_{ij} D_i u (D_j v \eta^2 + v 2\eta D_j \eta) - cuv\eta^2 \leqslant - \int_\Omega f v \eta^2,$$

注意到当 $u > k$ 时, $Dv = Du$; 当 $u \leqslant k$ 时, $Dv = 0$. 我们得到

$$\begin{aligned}
\int_\Omega |Dv|^2\eta^2 &\leqslant C(\Lambda/\lambda) \int_{\{x\in\Omega: v\eta\neq 0\}} \left(|v|^2|\nabla\eta|^2 + |c||u||v|\eta^2 + |f||v|\eta^2\right) dx \\
&\leqslant C \int_{\{v\eta\neq 0\}} \left(|v|^2|\nabla\eta|^2 + |c|(v+k)v\eta^2 + |f|v\eta^2\right) dx \\
&\leqslant C \int_\Omega |v|^2|\nabla\eta|^2 dx + C\|c\|_{L^{\frac{n}{2}}(\{v\eta\neq 0\})} \|v\eta\|^2_{L^{2^*}(\Omega)} \\
&\quad + C\left(\|f\|_{L^{2^{*\prime}}(\{v\eta\neq 0\})} + k\|c\|_{L^{2^{*\prime}}(\{v\eta\neq 0\})}\right) \|v\eta\|_{L^{2^*}(\Omega)} \\
&\leqslant C \int_\Omega |v|^2|\nabla\eta|^2 dx + C\|c\|_{L^q(\Omega)} \|\nabla(v\eta)\|^2_{L^2(\Omega)} |\{v\eta\neq 0\}|^{\frac{2}{n}-\frac{1}{q}} \\
&\quad + C\left(\|f\|_{L^q(\Omega)} + k\|c\|_{L^q(\Omega)}\right) \|\nabla(v\eta)\|_{L^2(\Omega)} |\{v\eta\neq 0\}|^{\frac{1}{2^{*\prime}}-\frac{1}{q}} \\
&\leqslant C \int_\Omega |v|^2|\nabla\eta|^2 dx + C\|c\|_{L^q(\Omega)} \|\nabla(v\eta)\|^2_{L^2(\Omega)} |\{v\eta\neq 0\}|^{\frac{2}{n}-\frac{1}{q}} \\
&\quad + \frac{1}{2}\|\nabla(v\eta)\|^2_{L^2(\Omega)} + C\left(k^2\|c\|^2_{L^q(\Omega)} + \|f\|^2_{L^q(\Omega)}\right) |\{v\eta\neq 0\}|^{1+\frac{2}{n}-\frac{2}{q}}.
\end{aligned}$$

因此如果 $|\{v\eta\neq 0\}|$ 充分小, 即

$$C\|c\|_{L^q(\Omega)} |\{v\eta\neq 0\}|^{\frac{2}{n}-\frac{1}{q}} \leqslant \frac{1}{3},$$

则

$$\int_\Omega |D(v\eta)|^2 dx \leqslant C \int_\Omega |v|^2|\nabla\eta|^2 dx + C\left(k^2\|c\|^2_{L^q(\Omega)} + \|f\|^2_{L^q(\Omega)}\right) |\{v\eta\neq 0\}|^{1+\frac{2}{n}-\frac{2}{q}}.$$

现在

$$\|v\eta\|^2_{L^2(\Omega)} \leqslant \|(v\eta)\|^2_{L^{2^*}(\Omega)} |\{v\eta\neq 0\}|^{1-\frac{2}{2^*}}$$

$$
\begin{aligned}
&\leqslant c(n)\|\nabla(v\eta)\|_{L^2(\Omega)}^2|\{v\eta\neq 0\}|^{\frac{2}{n}}\\
&\leqslant C|\{v\eta\neq 0\}|^{\frac{2}{n}}\int_\Omega |v|^2|\nabla\eta|^2dx\\
&\quad +C\left(k^2\|c\|_{L^q(\Omega)}^2+\|f\|_{L^q(\Omega)}^2\right)|\{v\eta\neq 0\}|^{1+\frac{4}{n}-\frac{2}{q}}.
\end{aligned}
$$

取 $\eta\in C_0^\infty(B_R(x_0)),\eta(x)\equiv 1,\forall x\in B_r(x_0),0\leqslant\eta\leqslant 1,|D\eta|\leqslant\dfrac{c}{R-r}$. 记

$$B_{\tau,k}=\{x\in B_\tau(x_0):u\geqslant k\}.$$

由于

$$|B_{R,k}|\leqslant\frac{1}{k^p}\int_{B_{R,k}}|u|^p\leqslant\frac{1}{k^p}\|u\|_{L^p(\Omega)}^p\to 0,\quad k\to\infty, \tag{5.3}$$

且

$$\{v\eta\neq 0\}\subset B_{R,k},$$

当 $k\geqslant k_0$ 时, 可以设 $k_0=C_*\left(\|u\|_{L^p(\Omega)}+\|f\|_{L^q(\Omega)}\right)$,

$$
\begin{aligned}
\int_{B_{r,k}}[(u-k)^+]^2 &\leqslant \frac{C|B_{R,k}|^{\frac{2}{n}}}{(R-r)^2}\int_{B_{R,k}}[(u-k)^+]^2\\
&\quad +C\left(k^2\|c\|_{L^q(\Omega)}^2+\|f\|_{L^q(\Omega)}^2\right)|B_{R,k}|^{1+\frac{4}{n}-\frac{2}{q}}.
\end{aligned}\tag{5.4}
$$

设 $h>k\geqslant k_0$, 则由于 $B_{R,h}=\{x\in B_R:u-k\geqslant h-k\}$,

$$|B_{R,h}|\leqslant\frac{1}{(h-k)^2}\int_{B_{R,k}}[(u-k)^+]^2.$$

由于 (5.4) 将 k 换成 h 时成立, 我们得到

$$
\begin{aligned}
\int_{B_{r,h}}[(u-h)^+]^2 &\leqslant \frac{C|B_{R,h}|^{\frac{2}{n}}}{(R-r)^2}\int_{B_{R,h}}[(u-h)^+]^2\\
&\quad +C\left(h^2\|c\|_{L^q(\Omega)}^2+\|f\|_{L^q(\Omega)}^2\right)|B_{R,h}|^{1+\frac{4}{n}-\frac{2}{q}}\\
&\leqslant \frac{C|B_{R,h}|^{\frac{2}{n}}}{(R-r)^2}\int_{B_{R,k}}[(u-k)^+]^2\\
&\quad +C\left(h^2\|c\|_{L^q(\Omega)}^2+\|f\|_{L^q(\Omega)}^2\right)|B_{R,h}|^{1+\frac{4}{n}-\frac{2}{q}}\\
&\leqslant \frac{C}{(R-r)^2(h-k)^{\frac{4}{n}}}\left(\int_{B_{R,k}}[(u-k)^+]^2\right)^{1+\frac{2}{n}}\\
&\quad +C\frac{h^2\|c\|_{L^q(\Omega)}^2+\|f\|_{L^q(\Omega)}^2}{(h-k)^{2(1+\frac{4}{n}-\frac{2}{q})}}\left(\int_{B_{R,k}}[(u-k)^+]^2\right)^{1+\frac{4}{n}-\frac{2}{q}}.
\end{aligned}
$$

由于 $\dfrac{2}{n}-\dfrac{1}{q}>0$, 而且当 k 充分大时,

$$\int_{B_{R,k}}[(u-k)^+]^2\leqslant\int_{B_{R,k}}u^2\leqslant 1,$$

设 $\delta=2\min\left(\dfrac{1}{n},\dfrac{2}{n}-\dfrac{1}{q}\right)$, 则对任意的 $0<r<R\leqslant 1$,

$$\|(u-h)^+\|_{L^2(B_r(x_0))}\leqslant C\left(\frac{1}{R-r}+\frac{h\|c\|_{L^q(\Omega)}+\|f\|_{L^q(\Omega)}}{h-k}\right)\frac{\|(u-k)^+\|^{1+\delta}_{L^2(B_R(x_0))}}{(h-k)^\delta}.$$

记

$$\Phi(r,k)=\|(u-k)^+\|_{L^2(B_r(x_0))},\quad k_l=k_0+k(1-\theta^l),\quad r_l=r+\theta^l(R-r),$$

这里 $\theta\in(0,1), l=0,1,\cdots$. 则

$$k_l-k_{l-1}=k\theta^{l-1}(1-\theta),\quad r_{l-1}-r_l=(R-r)\theta^{l-1}(1-\theta),$$

$$\begin{aligned}
\Phi(r_l,k_l)&\leqslant C\left(\frac{1}{r_{l-1}-r_l}+\frac{k_l\|c\|_{L^q(\Omega)}+\|f\|_{L^q(\Omega)}}{k_l-k_{l-1}}\right)\frac{[\Phi(r_{l-1},k_{l-1})]^{1+\delta}}{(k_l-k_{l-1})^\delta}\\
&=C\left(\frac{1}{R-r}+\frac{k_l\|c\|_{L^q(\Omega)}+\|f\|_{L^q(\Omega)}}{k}\right)\frac{[\Phi(r_{l-1},k_{l-1})]^{1+\delta}}{k^\delta(1-\theta)^{1+\delta}\theta^{(1+\delta)(l-1)}}\\
&\leqslant\frac{C}{k^\delta\theta^{(1+\delta)(l-1)}}\frac{k+(k_0+k)\|c\|_{L^q(\Omega)}+\|f\|_{L^q(\Omega)}}{(R-r)k(1-\theta)^{1+\delta}}[\Phi(r_{l-1},k_{l-1})]^{1+\delta}\\
&\leqslant\frac{C_0}{k^\delta\theta^{(1+\delta)(l-1)}}[\Phi(r_{l-1},k_{l-1})]^{1+\delta}\\
&\leqslant\frac{C_0}{k^\delta\theta^{(1+\delta)(l-1)}}\left(\frac{C_0}{k^\delta\theta^{(1+\delta)(l-2)}}\right)^{1+\delta}[\Phi(r_{l-2},k_{l-2})]^{(1+\delta)^2}\\
&\leqslant\frac{C_0}{k^\delta\theta^{(1+\delta)(l-1)}}\times\cdots\times\left(\frac{C_0}{k^\delta\theta^{(1+\delta)(l-(l-1))}}\right)^{(1+\delta)^{(l-2)}}[\Phi(r_1,k_1)]^{(1+\delta)^{(l-1)}}\\
&\leqslant\frac{C_0}{k^\delta\theta^{(1+\delta)(l-1)}}\times\cdots\times\left(\frac{C_0}{k^\delta}\right)^{(1+\delta)^{(l-1)}}[\Phi(r_0,k_0)]^{(1+\delta)^l}\\
&=\left(\frac{C_0}{k^\delta}\right)^{\sum_{i=0}^{l-1}(1+\delta)^i}\left(\frac{1}{\theta^{1+\delta}}\right)^{\sum_{i=0}^{l-1}i(1+\delta)^{l-1-i}}[\Phi(r_0,k_0)]^{(1+\delta)^l}.
\end{aligned}$$

这里 $C_0=\dfrac{C(n,\Lambda/\lambda)(1+\|c\|_{L^q(\Omega)}+k_0^{-1}\|f\|_{L^q(\Omega)})}{(1-\theta)^{1+\delta}(R-r)}$. 由于

$$\sum_{i=0}^{l-1}(1+\delta)^i=O((1+\delta)^l),\quad\sum_{i=0}^{l-1}i(1+\delta)^{l-1-i}=O((1+\delta)^l),$$

对固定的 $\theta \in (0,1), \gamma > \Phi(r_0, k_0)$, 选取 $k \geqslant k_0$ 使得

$$\left(\frac{C_0}{k^\delta}\right)^{\sum_{i=0}^{l-1}(1+\delta)^i}\left(\frac{1}{\theta^{1+\delta}}\right)^{\sum_{i=0}^{l-1}i(1+\delta)^{l-1-i}}$$

$$\leqslant \left[\left(\frac{C_0}{k^\delta}\right)^{C_1}\left(\frac{1}{\theta^{(1+\delta)C_2}}\right)\right]^{(1+\delta)^l} \leqslant \frac{1}{\gamma^{(1+\delta)^l}}.$$

即当 $l \to \infty$ 时

$$\Phi(r_l, k_l) \leqslant \left(\frac{\Phi(r_0, k_0)}{\gamma}\right)^{(1+\delta)^l} \to 0.$$

而

$$r_l \to r, \quad k_l \to k_0 + k,$$

$$\|(u - k_0 - k)^+\|_{L^2(B_r(x_0))} = 0,$$

隐含着

$$\|u^+\|_{L^\infty(B_r(x_0))} \leqslant k_0 + k \leqslant C\left(\|u\|_{L^p(\Omega)} + \|f\|_{L^q(\Omega)}\right). \qquad \square$$

注解 5.1 (1) 如果取 $R = 1, r = \dfrac{1}{2}$, 则

$$\|u\|_{L^\infty(B_{\frac{1}{2}})} \leqslant C(n, \Lambda/\lambda, \|c\|_{L^q(B)})(\|u\|_{L^p(B)} + \|f\|_{L^q(B)}).$$

由此得到局部估计: 令 $x = ry, v(y) = u(yr) = u(x)$, 则 $\partial_{x_i} = \dfrac{1}{r}\partial_{y_i}, v(y)$ 满足

$$\mathrm{div}_y(\widetilde{a}_{ij}(y)D_i v(y)) + r^2\widetilde{c}(y)v(y) = r^2\widetilde{f}(y).$$

于是从

$$\|v\|_{L^\infty(B_{\frac{1}{2}})} \leqslant C(n, \Lambda/\lambda, \|r^2\widetilde{c}\|_{L^q(B)})(\|v\|_{L^2(B)} + \|r^2\widetilde{f}\|_{L^q(B)})$$

得到

$$\|u\|_{L^\infty(B_{\frac{r}{2}})} \leqslant C(n, \Lambda/\lambda, r^{2-\frac{n}{q}}\|c\|_{L^q(B_r)})(r^{-\frac{n}{p}}\|u\|_{L^p(B_r)} + r^{2-\frac{n}{q}}\|f\|_{L^q(B_r)}).$$

特别地, 如果 $c = f = 0$, 则

$$\|u\|_{L^\infty(B_{\frac{r}{2}})} \leqslant C(n, \Lambda/\lambda)r^{-\frac{n}{p}}\|u\|_{L^p(B_r)}.$$

(2) 如果取 $R \gg r$, 则

$$\|u\|_{L^\infty(B_r)} \leqslant C(n, \Lambda/\lambda, \|c\|_{L^q(\Omega)}, R)(\|u\|_{L^2(\Omega)} + \|f\|_{L^q(\Omega)}).$$

(3) 取 $R=1, r=\frac{1}{2}$, 不等式 (5.3) 可以改写成

$$|B_{1,k}| \leqslant \frac{1}{(k-\overline{u}_B)^p}\int_{B_{1,k}}|u-\overline{u}_B|^p \leqslant \frac{c}{k^p}\|u-\overline{u}_B\|_{L^p(B)}^p \to 0, \quad k\to\infty, \tag{5.5}$$

取 $k_0 = C_*(\|u-u_B\|_{L^p(B)}+\|f\|_{L^q(B)})$, 因此

$$\|u\|_{L^\infty(B_{\frac{1}{2}})} \leqslant C(n,\Lambda/\lambda,\|c\|_{L^q(B)})(\|u-\overline{u}_B\|_{L^p(B)}+\|f\|_{L^q(B)}).$$

于是

$$\|u\|_{L^\infty(B_{\frac{r}{2}})} \leqslant C(n,\Lambda/\lambda, r^{2-\frac{n}{q}}\|c\|_{L^q(B_r)})(r^{-\frac{n}{p}}\|u-\overline{u}_{B_r}\|_{L^p(B_r)}+r^{2-\frac{n}{q}}\|f\|_{L^q(B_r)}).$$

我们将证明解的 Hölder 连续性.

引理 5.1 假设 $u\in H^1(\Omega), u\geqslant 0$ 满足

$$\int_\Omega a_{ij}(x)D_iuD_j\varphi(x)dx \geqslant 0, \quad \forall 0\leqslant\varphi\in H_0^1(\Omega),$$

则对任意球 $B_{4r}(x_0)\subset\Omega$, 存在常数 $C(n,\Lambda/\lambda)$ 使得

$$\inf_{B_r(x_0)} u \geqslant C.$$

证明 设 $\delta>0$, 则 $u+\delta$ 也是上解. 取 $\varphi=\frac{\eta^2}{u+\delta}, \eta\in C_0^\infty(\Omega)$, 则 $\varphi\in H_0^1(\Omega)$, 且

$$\begin{aligned}\int_\Omega a_{ij}D_iuD_j\varphi &= \int_\Omega -(u+\delta)^{-2}\eta^2a_{ij}D_iuD_ju+(u+\delta)^{-1}a_{ij}D_iuD_j\eta^2\\ &\geqslant 0,\end{aligned}$$

即

$$\int_\Omega \eta^2|D\log(u+\delta)|^2 \leqslant C(\Lambda/\lambda)\int_\Omega|D\eta|^2.$$

取 $\eta(x)\equiv 1, x\in B_{2r}(x_0), \eta\equiv 0, x\in\Omega\backslash B_{4r}(x_0)$, 则

$$\|\nabla\log(u+\delta)\|_{L^2(B_{2r}(x_0))} \leqslant C(n,\Lambda/\lambda)r^{\frac{n-2}{2}}.$$

另一方面, 令 $v=(-\log(u+\delta))^+=-(\log(u+\delta))^-$, 则

$$\int_\Omega a_{ij}D_ivD_j\varphi = -\int_\Omega(u+\delta)^{-1}a_{ij}D_iuD_j\varphi \leqslant 0.$$

从 De Giorgi 的有界性定理 5.1, 存在常数 $C(n,\Lambda/\lambda)$ 使得

$$\sup_{B_r(x_0)} v \leqslant \frac{C}{r^{\frac{n}{2}}}\|v-\overline{v}_{B_{2r}(x_0)}\|_{L^2(B_{2r}(x_0))} \leqslant \frac{C}{r^{\frac{n}{2}-1}}\|\nabla v\|_{L^2(B_{2r}(x_0))}.$$

因此

$$\sup_{B_r(x_0)} v \leqslant C(n, \Lambda/\lambda).$$

令 $\delta \to 0$, 我们得到

$$\sup_{B_r(x_0)} (-\log u)^+ \leqslant C(n, \Lambda/\lambda),$$

即

$$\inf_{B_r(x_0)} u \geqslant e^{-C}. \qquad \square$$

引理 5.2 假设 $u \in H^1(\Omega)$ 是方程

$$\operatorname{div}(a_{ij}(x) D_i u) = 0$$

的弱解. 则存在 $\gamma(n, \Lambda/\lambda) \in (0,1)$ 使得对任何球 $B_R(x_0) \subset \Omega$,

$$\operatorname{osc}_{B_{\frac{R}{4}}(x_0)} u \leqslant \gamma \operatorname{osc}_{B_R(x_0)} u.$$

证明 由 De Giorgi 的局部有界性, 我们知道 u 是局部有界的. 记 $r = \dfrac{R}{4}$,

$$M_t = \sup_{B_t(x_0)} u, \quad m_t = \inf_{B_t(x_0)} u.$$

则下面的非负函数也是方程在 $B_R(x_0)$ 中的解:

$$\frac{u - m_R}{M_R - m_R}, \quad \frac{M_R - u}{M_R - m_R}.$$

于是由引理 5.1,

$$\inf_{B_r(x_0)} (u - m_R) \geqslant \frac{1}{C_1}(M_R - m_R),$$

$$\inf_{B_r(x_0)} (M_R - u) \geqslant \frac{1}{C_2}(M_R - m_R),$$

即

$$m_r - m_R \geqslant \frac{1}{C_1}(M_R - m_R), \quad M_R - M_r \geqslant \frac{1}{C_2}(M_R - m_R).$$

相加上面的两式得到

$$M_r - m_r \leqslant \left(1 - \frac{1}{C_1} - \frac{1}{C_2}\right)(M_R - m_R) = \gamma(M_R - m_R). \qquad \square$$

定理 5.2 (De Giorgi-Nash) 假设 $u \in H^1(\Omega)$ 是方程

$$\operatorname{div}(a_{ij}(x) D_i u) = 0$$

的弱解. 则 $u \in C^\alpha(\Omega)$, 且

$$\|u\|_{C^\alpha(B_r(x_0))} \leqslant C\|u\|_{L^2(\Omega)}.$$

证明 记 $\omega(r) = \operatorname{osc}_{B_r(x_0)} u$. 从上面的引理 5.2, 我们有

$$\omega(r) \leqslant \gamma\,\omega(4r), \quad 0 < \gamma < 1.$$

对任意的 $r \in \left(0, \frac{R}{4}\right]$, 存在 $k > 0$ 使得 $\frac{R}{4^{k+1}} < r \leqslant \frac{R}{4^k}$. 于是

$$\begin{aligned}\omega(r) &\leqslant \omega(R4^{-k}) \\ &\leqslant \gamma^k \omega(R).\end{aligned}$$

记 $\alpha = \frac{-\log\gamma}{\log 4} > 0$, 则 $\gamma^k \leqslant \gamma^{\frac{\log R - \log r}{\log 4} - 1} \leqslant \gamma^{-1}\left(\frac{r}{R}\right)^\alpha$. 因此

$$\omega(r) \leqslant \gamma^{-1}\left(\frac{r}{R}\right)^\alpha \omega(R).$$

□

推论 5.1 (Liouville 性质) 假设 $u \in H^1(\mathbb{R}^n) \cap L^\infty(\mathbb{R}^n)$ 是方程

$$\operatorname{div}(a_{ij}(x) D_i u) = 0, \quad x \in \mathbb{R}^n$$

的弱解, 则 $u \equiv C$.

证明 由于

$$\omega(r) \leqslant \gamma^{-1}\left(\frac{r}{R}\right)^\alpha \omega(R),$$

令 $R \to \infty$, 注意到 $u \in L^\infty(\mathbb{R}^n)$, 我们得到结论. □

下面我们用 De Giorgi-Nash 定理来证明一般的方程 (5.1) 弱解的 Hölder 连续性.

定理 5.3 假设 $u \in H^1(\Omega)$ 是方程 (5.1) 的弱解, 主部系数满足 (5.2), $c \in L^n(\Omega), f \in L^q(\Omega), q > \frac{n}{2}$, 则 $u \in C^\alpha(\Omega)$.

证明 假设 $B_r(x_0) \subset \Omega, v - u \in H_0^1(B_r(x_0))$, v 是方程

$$\operatorname{div}(a_{ij}(x) D_i v) = 0, \quad x \in B_r(x_0)$$

的弱解. 则对任意的 $\eta \in C_0^\infty(B_r(x_0)), c$,

$$\int_{B_r(x_0)} |Dv|^2 \eta^2 \leqslant C \int_{B_r(x_0)} |v - c|^2 |\nabla\eta|^2.$$

取 $\eta \in C_0^\infty(B_{2\rho}(x_0)), \eta(x) \equiv 1, \forall x \in B_\rho(x_0), |D\eta| \leqslant \frac{2}{\rho}, c = v(x_0), \rho \leqslant \frac{r}{2}$. 由于 $v \in C^{\alpha'}(B_r(x_0))$, 从 De Diorgi-Nash 定理 5.2,

$$|v(x) - v(x_0)| \leqslant C(n, \Lambda/\lambda) r^{-\frac{n}{2}} \|v - \overline{v}_{B_r(x_0)}\|_{L^2(B_r(x_0))} \left(\frac{|x - x_0|}{r}\right)^{\alpha'}.$$

即

$$|v(x)-v(x_0)| \leqslant C(n,\Lambda/\lambda) r^{-\frac{n}{2}+1-\alpha'} \|\nabla v\|_{L^2(B_r(x_0))} |x-x_0|^{\alpha'}.$$

这样我们得到

$$\int_{B_\rho(x_0)} |Dv|^2 dx \leqslant C\left(\frac{\rho}{r}\right)^{n-2+2\alpha'} \int_{B_r(x_0)} |Dv|^2.$$

将 u 与 v 比较,

$$\begin{aligned}\int_{B_\rho(x_0)} |Du|^2 dx &\leqslant 2\int_{B_\rho(x_0)} (|Dv|^2 + |D(u-v)|^2) dx \\ &\leqslant C\left(\frac{\rho}{r}\right)^{n-2+2\alpha'} \int_{B_r(x_0)} |Dv|^2 + 2\int_{B_\rho(x_0)} |D(u-v)|^2 dx \\ &\leqslant C\left(\frac{\rho}{r}\right)^{n-2+2\alpha'} \int_{B_r(x_0)} |Du|^2 + C\int_{B_r(x_0)} |D(u-v)|^2 dx.\end{aligned}$$

记 $w \equiv u-v$, 则 w 满足方程:

$$\int_{B_r(x_0)} a_{ij} D_i w D_j \varphi + (f-cu)\varphi = 0, \quad \forall \varphi \in H_0^1(B_r(x_0)).$$

取 $\varphi = w$, 从上面的方程我们得到

$$\begin{aligned}&\int_{B_r(x_0)} |Dw|^2 dx \\ &\leqslant C\left(\int_{B_r(x_0)} |c|^n dx\right)^{\frac{2}{n}} \int_{B_r(x_0)} u^2 dx + C\left(\int_{B_r(x_0)} |f|^{\frac{2n}{n+2}} dx\right)^{\frac{n+2}{n}} \\ &\leqslant C r^{n-2+\alpha''} \left(\int_{B_r(x_0)} |c|^n dx\right)^{\frac{2}{n}} + C r^{n-2+2\alpha''} \left(\int_{B_r(x_0)} |f|^q dx\right)^{\frac{2}{q}},\end{aligned}$$

这里我们使用了定理 4.3 的靴带证明技巧, 或者用 De Giorgi 局部有界性定理 5.1, 其中 $\alpha'' = 2 - \dfrac{n}{q}$. 我们得到

$$\int_{B_\rho(x_0)} |Du|^2 dx \leqslant C\left(\frac{\rho}{r}\right)^{n-2+2\alpha'} \int_{B_r(x_0)} |Du|^2 + C r^{n-2+2\alpha''}.$$

我们可以假设 $\alpha'' < \alpha'$, 使用上一章的引理 4.1, 我们得到

$$\int_{B_\rho(x_0)} |Du|^2 dx \leqslant C\rho^{n-2+2\alpha},$$

这里

$$\alpha = \begin{cases} \alpha'', & \text{如果 } \alpha'' < \alpha', \\ \alpha' - \varepsilon, & \text{如果 } \alpha'' \geqslant \alpha', \end{cases}$$

$\varepsilon > 0$ 充分小. □

§5.2　Moser 估计

J. Moser 给出了 De Giorgi-Nash 定理的重新证明, 采用被称为 Moser 迭代的技巧.

下面的定理给出了弱解的有界性:

定理 5.4　假设 $u \in H_0^1(\Omega)$ 是 (5.1) 的弱解, 主部系数满足 (5.2), $c, f \in L^{\frac{q}{2}}(\Omega), q > n$. 则存在常数 $C(\lambda, |\Omega|, \|c\|_{L^{\frac{q}{2}}(\Omega)})$, 使得

$$\|u\|_{L^\infty(\Omega)} \leqslant C(\|u\|_{L^2(\Omega)} + \|f\|_{L^{\frac{q}{2}}(\Omega)}).$$

证明　我们假设 $n \geqslant 3$, 采用 Moser 迭代技巧 ($n = 2$ 做适当修改). 设 $w = u^+ + k, k = \|f\|_{L^{\frac{q}{2}}(\Omega)} > 0$. 令

$$\eta = G(w) = \int_k^w |H'(s)|^2 ds,$$

这里 $H \in C^1[k, \infty)$,

$$H(z) = \begin{cases} z^\beta - k^\beta, & z \in [k, N], \beta \geqslant 1, \\ \beta N^{\beta-1}(z - N) + N^\beta - k^\beta, & z > N. \end{cases}$$

则 $\eta \in H_0^1(\Omega) \cap L^p(\Omega), \forall p > 0,\ G(s) \leqslant sG'(s)$. 于是

$$\int_\Omega (G'(w) a_{ij} D_i u D_j w + (cu - f) G(w)) dx = 0.$$

$$\begin{aligned} \lambda \int_\Omega G'(w)|Dw|^2 &\leqslant \int_\Omega |cu^+ - f| G(w) \\ &\leqslant \int_\Omega (|c| + k^{-1}|f|)(|u^+| + k) G(w) \\ &\leqslant \int_\Omega (|c| + k^{-1}|f|) w^2 G'(w). \end{aligned}$$

即

$$\int_\Omega |DH(w)|^2 \leqslant \lambda^{-1} \int_\Omega (|c| + k^{-1}|f|)|H'(w)w|^2.$$

由于 $H(w) \in H_0^1(\Omega)$, 我们有

$$\begin{aligned} \|H(w)\|_{L^{2^*}(\Omega)} &\leqslant c(n)\|DH(w)\|_{L^2(\Omega)} \\ &\leqslant c(n, \lambda) \left(\int_\Omega (|c| + k^{-1}|f|)|H'(w)w|^2 \right)^{\frac{1}{2}} \\ &\leqslant c(n, \lambda) \|(|c| + k^{-1}|f|)\|_{L^{\frac{q}{2}}(\Omega)}^{\frac{1}{2}} \|H'(w)w\|_{L^{\frac{2q}{q-2}}(\Omega)} \\ &= C\|H'(w)w\|_{L^{\frac{2q}{q-2}}(\Omega)}. \end{aligned}$$

在上面的不等式中, 令 $N \to \infty$, 我们得到: 对任意的 $\beta \geqslant 1$, 如果 $w \in L^{\frac{2q\beta}{q-2}}(\Omega)$, 则 $w \in L^{\frac{2n\beta}{n-2}}(\Omega)$, 记 $\chi = \dfrac{\frac{2n\beta}{n-2}}{\frac{2q\beta}{q-2}} = \dfrac{(q-2)n}{(n-2)q} > 1, q^* = \dfrac{2q}{q-2}$,

$$\begin{aligned}\|w\|^{\beta}_{L^{\beta\chi q^*}(\Omega)} &\leqslant \|w^\beta - k^\beta\|_{L^{\chi q^*}(\Omega)} + \|k^\beta\|_{L^{\chi q^*}(\Omega)} \\ &\leqslant C\beta\|w\|^{\beta}_{L^{\beta q^*}(\Omega)} + k^{\frac{\chi-1}{\chi q^*}}\|w\|^{\frac{\beta}{\chi}}_{L^{\beta q^*}(\Omega)},\end{aligned}$$

即

$$\|w\|_{L^{\beta\chi q^*}(\Omega)} \leqslant (C\beta)^{\frac{1}{\beta}}\|w\|_{L^{\beta q^*}(\Omega)}. \tag{5.6}$$

取 $\beta = \chi^{m-1}$, 则

$$\begin{aligned}\|w\|_{L^{\chi^m q^*}(\Omega)} &\leqslant \prod_{i=0}^{m-1}\left(C\chi^i\right)^{\chi^{-i}}\|w\|_{L^{q^*}(\Omega)} \\ &= C^{\sum\limits_{i=0}^{m-1}\chi^{-i}}\chi^{\sum\limits_{i=0}^{m-1} i\chi^{-i}}\|w\|_{L^{q^*}(\Omega)} \\ &\leqslant C\|w\|_{L^{q^*}(\Omega)}.\end{aligned}$$

令 $m \to \infty$,

$$\|w\|_{L^\infty(\Omega)} \leqslant C\|w\|_{L^{q^*}(\Omega)} \leqslant C\|w\|^{\frac{q^*-2}{q^*}}_{L^\infty(\Omega)}\|w\|^{\frac{2}{q^*}}_{L^2(\Omega)}.$$

这样

$$\sup_{\Omega} w \leqslant C\|w\|_{L^2(\Omega)}.$$

对 $-u$ 类似地得到

$$\sup_{\Omega}((-u)^+ + k) \leqslant C\|(-u)^+ + k\|_{L^2(\Omega)}.$$ □

定理 5.5 设 $u \in H^1(\Omega)$ 是 (5.1) 的非负上解, 主部系数满足 (5.2), $c, f \in L^{\frac{q}{2}}(\Omega), q > n$. 假设 $B_{2R}(x_0) \subset \Omega, 0 < p < \dfrac{n}{n-2}$. 则存在 $2 > \tau(n,p) > 1$ 和常数 C 依赖于 n, p, λ, Λ, $R^{2(1-\frac{n}{q})}\|c\|_{L^{\frac{q}{2}}(B_R(x_0))}$ 使得弱 Harnack 不等式成立,

$$R^{-\frac{n}{p}}\|u\|_{L^p(B_{\frac{\tau R}{2}}(x_0))} \leqslant C\left(\inf_{B_{\frac{R}{2}}(x_0)} u + R^{2(1-\frac{n}{q})}\|f\|_{L^{\frac{q}{2}}(B_R(x_0))}\right).$$

证明 1° 设 $R = 1, \eta \in C_0^\infty(B(x_0)), \overline{u} = u + k, k = \|f\|_{L^q(B(x_0))} > 0$. 令 $\varphi = \eta^2\overline{u}^\beta$. 则

$$\nabla\varphi = 2\eta\nabla\eta\overline{u}^\beta + \beta\eta^2\overline{u}^{\beta-1}\nabla\overline{u},$$

因此

$$\int_{\Omega}\left(\beta a_{ij}D_iuD_j\overline{u}\eta^2\overline{u}^{\beta-1}+2\eta a_{ij}D_iuD_j\eta\overline{u}^{\beta}+(f-cu)\eta^2\overline{u}^{\beta}\right)dx\geqslant 0.$$

假设 $\beta<0$, 我们有

$$\int_{\Omega}|D\overline{u}|^2\overline{u}^{\beta-1}\eta^2\leqslant C(\Lambda/\lambda)\frac{1}{|\beta|}\int_{\Omega}|D\eta|^2\overline{u}^{\beta+1}+C(\lambda)\frac{1}{|\beta|}\int_{\Omega}(k^{-1}|f|+|c|)\overline{u}^{\beta+1}\eta^2. \tag{5.7}$$

2° 设 $\beta<-1$, 记 $w=\overline{u}^{\frac{\beta+1}{2}}$, 则

$$\int_{\Omega}|\eta Dw|^2\leqslant C(1-\beta)^2\int_{\Omega}|D\eta|^2w^2+(k^{-1}|f|+|c|)w^2\eta^2.$$

假设 $n\geqslant 3, n=2$ 时做适当修改即可. 现在

$$\begin{aligned}\int_{\Omega}(k^{-1}|f|+|c|)w^2\eta^2&\leqslant\|k^{-1}|f|+|c|\|_{L^{\frac{q}{2}}(B(x_0))}\|\eta w\|^2_{L^{\frac{2q}{q-2}}(\Omega)}\\&\leqslant\|k^{-1}|f|+|c|\|_{L^{\frac{q}{2}}(B(x_0))}(\varepsilon\|\eta w\|_{L^{2^*}(\Omega)}+C_\varepsilon\|\eta w\|_{L^2(\Omega)})^2\\&\leqslant\|k^{-1}|f|+|c|\|_{L^{\frac{q}{2}}(B(x_0))}(\varepsilon\|\nabla(\eta w)\|_{L^2(\Omega)}+C_\varepsilon\|\eta w\|_{L^2(\Omega)})^2.\end{aligned}$$

于是取 $\varepsilon>0$ 充分小, 我们得到

$$\int_{\Omega}|\nabla(\eta w)|^2\leqslant C(\lambda,\Lambda,\|c\|_{L^{\frac{q}{2}}(B(x_0))})(1-\beta)^2\int_{\Omega}(|D\eta|^2+\eta^2)w^2,$$

即

$$\|\eta w\|_{L^{2^*}(\Omega)}\leqslant C(1-\beta)\|(|\nabla\eta|+\eta)w\|_{L^2(\Omega)}.$$

取 $\eta(x)\equiv 1, x\in B_{r_2}(x_0), \eta\in C_0^\infty(B_{r_1}(x_0)), \dfrac{1}{2}\leqslant r_2<r_1\leqslant 1, |D\eta|\leqslant\dfrac{2}{r_1-r_2}$, 记 $\chi=\dfrac{n}{n-2}$, 则

$$\|w\|_{L^{2\chi}(B_{r_2}(x_0))}\leqslant\frac{C(1-\beta)}{r_1-r_2}\|w\|_{L^2(B_{r_1}(x_0))}. \tag{5.8}$$

设 $p_0>0$, 则

$$\|\overline{u}^{-p_0}\|_{L^{-(\beta+1)p_0^{-1}\chi}(B_{r_2}(x_0))}\leqslant\left(\frac{C(1-\beta)}{r_1-r_2}\right)^{\frac{2p_0}{-(\beta+1)}}\|u^{-p_0}\|_{L^{-(\beta+1)p_0^{-1}}(B_{r_1}(x_0))}.$$

取 $-(\beta+1)p_0^{-1}=\chi^m, r_m=\dfrac{1}{2}+2^{-m-1}$, 于是

$$\begin{aligned}\|\overline{u}^{-p_0}\|_{L^{\chi^{m+1}}(B_{r_{m+1}}(x_0))}&\leqslant\left(\frac{C\chi^m(p_0+2)}{r_m-r_{m+1}}\right)^{2\chi^{-m}}\|\overline{u}^{-p_0}\|_{L^{\chi^m}(B_{r_m}(x_0))}\\&\leqslant\left(\frac{C\chi^m(p_0+2)}{r_m-r_{m+1}}\right)^{2\chi^{-m}}\|\overline{u}^{-p_0}\|_{L^{\chi^m}(B_{r_{m-1}}(x_0))}\end{aligned}$$

$$= (2C(p_0+2))^{2\chi^{-m}}(2\chi)^{2m\chi^{-m}}\|\overline{u}^{-p_0}\|_{L^{\chi^m}(B_{r_{m-1}}(x_0))}$$
$$\leqslant (2C(p_0+2))^{\sum_{i=0}^m 2\chi^{-i}}(2\chi)^{\sum_{i=0}^m 2i\chi^{-i}}\|\overline{u}^{-p_0}\|_{L^1(B_{r_0}(x_0))}.$$

因此如果

$$\|u^{-p_0}\|_{L^1(B_1(x_0))} < \infty, \tag{5.9}$$

则

$$\sup_{B_{\frac{1}{2}}(x_0)} \overline{u}^{-p_0} \leqslant C\|u^{-p_0}\|_{L^1(B_1(x_0))},$$

即

$$\inf_{B_{\frac{1}{2}}(x_0)} \overline{u} \geqslant \frac{C}{\left(\int_{B(x_0)} \overline{u}^{-p_0}\right)^{\frac{1}{p_0}}}.$$

3° 我们需要证明 $\|\overline{u}\|_{L^{p_0}(B(x_0))}\|\overline{u}^{-1}\|_{L^{p_0}(B(x_0))} \leqslant C$. 为此在 (5.7) 中取 $\beta = -1$, $\eta(x) \equiv 1, \forall x \in B_r(y), \eta \in C_0^\infty(B_{2r}(y)), B_{2r}(y) \subset B_2(x_0), |D\eta| \leqslant \frac{2}{r}$, 则

$$\int_{B_r(y)} |D\log\overline{u}|^2 \leqslant C(\lambda,\Lambda,)r^{n-2} + \|k^{-1}|f|+|c|\|_{L^{q/2}(B_{2r}(y))}r^{n(1-\frac{2}{q})}.$$

由于 $q > n$,

$$\int_{B_r(y)} |D\log\overline{u}|^2 \leqslant C(\lambda,\Lambda,\|c\|_{L^q(\Omega)})r^{n-2}.$$

这样

$$\int_{B_r(y)} |D\log\overline{u}| \leqslant C(\lambda,\Lambda,\|c\|_{L^q(\Omega)})r^{n-1},$$

即 $\log\overline{u} \in BMO(B(x_0))$, 于是存在 $p_0 > 0$ 适当地小使得

$$\int_{B(x_0)} e^{p_0|\log\overline{u} - \overline{\log\overline{u}}_{B(x_0)}|} \leqslant C.$$

因此

$$\int_{B(x_0)} e^{p_0\log\overline{u}}\int_{B(x_0)} e^{-p_0\log\overline{u}}$$
$$= \int_{B(x_0)} e^{p_0(\log\overline{u} - \overline{\log\overline{u}}_{B(x_0)})}e^{p_0\overline{\log\overline{u}}_{B(x_0)}}\int_{B(x_0)} e^{p_0\overline{\log\overline{u}}_{B(x_0)} - p_0\log\overline{u}}e^{-p_0\overline{\log\overline{u}}_{B(x_0)}}$$
$$\leqslant Ce^{p_0\overline{\log\overline{u}}_{B(x_0)}}e^{-p_0\overline{\log\overline{u}}_{B(x_0)}} = C.$$

这样我们得到

$$\inf_{B_{\frac{1}{2}}(x_0)} \overline{u} \geqslant C\left(\int_{B(x_0)} \overline{u}^{p_0}\right)^{\frac{1}{p_0}}.$$

4° 由于 $1 > p_0 > 0$ 适当小, 我们需要证明: 对任意的 $\dfrac{n}{n-2} > p > p_0$, 存在常数 C_1 使得

$$\left(\int_{B(x_0)} \overline{u}^{p_0}\right)^{\frac{1}{p_0}} \geqslant C_1 \left(\int_{B_{\frac{\tau}{2}}(x_0)} \overline{u}^{p}\right)^{\frac{1}{p}}.$$

取 $\beta \in (-1,0)$, 从 (5.7), 类似于 (5.8), 我们有

$$\|\overline{u}\|_{L^{(\beta+1)\chi}(B_{r_2}(x_0))} \leqslant \left(\frac{C}{|\beta|(r_1-r_2)}\right)^{\frac{2}{\beta+1}} \|\overline{u}\|_{L^{\beta+1}(B_{r_1}(x_0))}. \tag{5.10}$$

在 (5.10) 中取 β 使得 $\beta+1 = \dfrac{p}{\chi} < 1$, 如果 $u \in L^{\frac{p}{\chi}}(B_{r_1}(x_0))$, 则 $u \in L^p(B_{r_2}(x_0))$. 对任意的 $p_0 < p < \dfrac{n}{n-2} = \chi$, 如果 $p_0 \geqslant \dfrac{p}{\chi}$, 则结论成立. 否则, 存在 $m \geqslant 1$ 使得 $p_0\chi^{m-1} < \dfrac{p}{\chi} \leqslant p_0\chi^m$, 在 (5.10) 中取 $\beta+1 = p_0\chi^{m-1}$, $r_m = \dfrac{1}{2}+\dfrac{1}{2^m}$, $r_{m-1}-r_m = \dfrac{1}{2^m}$,

$$\begin{aligned}\|\overline{u}\|_{L^{p_0\chi^m}(B_{r_m}(x_0))} &\leqslant \left(\frac{C\cdot 2^m}{1-p_0\chi^{m-1}}\right)^{\frac{2}{p_0\chi^{m-1}}} \|\overline{u}\|_{L^{p_0\chi^{m-1}}(B_{r_{m-1}}(x_0))}\\ &\leqslant \left(\frac{C\chi\cdot 2^m}{\chi-p}\right)^{\frac{2}{p_0\chi^{m-1}}} \|\overline{u}\|_{L^{p_0\chi^{m-1}}(B_{r_{m-1}}(x_0))},\end{aligned}$$

即

$$\|\overline{u}\|_{L^{p_0\chi^{m+1}}(B_{r_{m+1}}(x_0))} \leqslant C\|\overline{u}\|_{L^{p_0}(B(x_0))},$$

这样存在 $\tau(p,p_0,n) > 1$ 使得

$$\|\overline{u}\|_{L^p(B_{\frac{\tau}{2}}(x_0))} \leqslant C\|\overline{u}\|_{L^{p_0}(B(x_0))}.$$

□

推论 5.2 设 $u \in H^1(\Omega)$ 是 (5.1) 的非负上解, 主部系数满足 (5.2), $c, f \in L^{\frac{q}{2}}(\Omega), q > n$. 假设 $B_{2R}(x_0) \subset \Omega$, 则下面的 Harnack 不等式成立:

$$\max_{B_{\frac{\theta R}{2}}(x_0)} u \leqslant C\left(\min_{B_{\frac{R}{2}}(x_0)} u + R^{2(1-\frac{n}{q})}\|f\|_{L^{\frac{q}{2}}(B_R(x_0))}\right),$$

这里 $1 < \theta < \tau$.

证明 从上面的定理我们看到, 如果 $y \in B_{\frac{\theta R}{2}}(x_0)$, 对充分小的 $r > 0$, 我们有

$$r^{-n}\|u\|_{L^1(B_{\frac{r}{2}}(y))} \leqslant C\left(\inf_{B_{\frac{R}{2}}(x_0)} u + R^{2(1-\frac{n}{q})}\|f\|_{L^{\frac{q}{2}}(B_R(x_0))}\right).$$

令 $r \to 0$, 我们得到

$$u(y) \leqslant C\left(\inf_{B_{\frac{R}{2}}(x_0)} u + R^{2(1-\frac{n}{q})}\|f\|_{L^{\frac{q}{2}}(B_R(x_0))}\right).$$

像前面那样用 Harnack 不等式能够证明解的 Hölder 连续性 —— De Giorgi-Nash 定理 5.2: 设

$$M_t = \sup_{B_t(x_0)} u, \quad m_t = \inf_{B_t(x_0)} u.$$

则函数 $M_{\frac{\tau R}{2}} - u, u - m_{\frac{\tau R}{2}}$ 是方程在 $B_{\frac{\tau R}{2}}$ 上的非负上解, 因此有

$$⨍_{B_{\frac{\tau R}{2}}(x_0)} (M_{\frac{\tau R}{2}} - u) \leqslant C(M_{\frac{\tau R}{2}} - M_{\frac{R}{2}}),$$

$$⨍_{B_{\frac{\tau R}{2}}(x_0)} (u - m_{\frac{\tau R}{2}}) \leqslant C(m_{\frac{R}{2}} - m_{\frac{\tau R}{2}}),$$

相加上面的两个不等式, 我们得到

$$M_{\frac{\tau R}{2}} - m_{\frac{\tau R}{2}} \leqslant C\left(M_{\frac{\tau R}{2}} - m_{\frac{\tau R}{2}} - (M_{\frac{R}{2}} - m_{\frac{R}{2}})\right),$$

$$M_{\frac{R}{2}} - m_{\frac{R}{2}} \leqslant \frac{C-1}{C}(M_{\frac{\tau R}{2}} - m_{\frac{\tau R}{2}}),$$

即

$$\omega(r) \leqslant \gamma\omega(\tau r), \quad r = \frac{R}{2}, \tau > 1, \gamma = \frac{C-1}{C} < 1.$$

由此我们不难完成证明. □

习 题 5

1. 设 $\Omega \subset \mathbb{R}^n, u \in W^{1,p}(\Omega), n > p > 1$ 满足方程

$$\int_\Omega |\nabla u|^{p-2}\nabla u \nabla\varphi = 0, \forall\varphi \in C_0^\infty(\Omega),$$

用 Moser 迭代证明其局部有界性和 $u \in C^{1,\alpha}(\Omega)$.

2. 研究拟线性散度型椭圆型方程

$$\frac{\partial}{\partial x_i} A_i(x, u, \nabla u) + B(x, u, \nabla u) = 0, \quad x \in \Omega,$$

这里 $A_i(x, u, \xi), B(x, u, \xi)$ 是可测函数, 满足椭圆型条件

$$A_i(x, u, \xi)\xi_i \geqslant \lambda(|u|)|\xi|^p - c_1(|u|)$$

和增长条件

$$\sum_i |A_i(x,u,\xi)|(1+|\xi|)+|B(x,u,\xi)| \leqslant \Lambda(|u|)(1+|\xi|)^p,$$

其中 $p>1, \lambda(t), \Lambda(t)$ 是正函数. 如果 $u \in W^{1,p}(\Omega) \cap L^\infty(\Omega)$, 对任意的 $\varphi \in W^{1,p'}(\Omega) \cap L^\infty(\Omega)$ 成立

$$\int_\Omega A_i(x,u,\nabla u)\varphi_{x_i}(x) - B(x,u,\nabla u)\varphi(x)dx = 0,$$

则称 u 是方程的弱解.

(1) 证明

$$\int_{B_r(x)} |\nabla u|^p dy \leqslant Cr^n(1+(R-r)^{-p}), R>r.$$

(提示: 取 $\varphi = \eta^p e^{ku(x)}$, 其中 η 是标准的截断函数, k 是常数.)

(2) 证明 u 局部 Hölder 连续.

第六章　椭圆型方程组的正则性

椭圆型方程组出现在多重积分变分问题和几何物理中, 例如泛函

$$I(u)=\int_\Omega f(x,u(x),\nabla u(x))dx,$$

这里 $\Omega\subset\mathbb{R}^n, u=(u^1,\cdots,u^N)$ 是向量. 其极小点 u 满足 Euler-Lagrange 方程

$$-\partial^\alpha f_{p^i_\alpha}(x,u,\nabla u)+f_{u^i}(x,u,\nabla u)=0,\quad i=1,2,\cdots,N.$$

更一般的高阶变分问题:

$$I(u)=\int_\Omega F(x,\delta u,\nabla^m u)dx,$$

其中 δu 表示 $\partial^\alpha u^i,|\alpha|\leqslant m-1,i=1,\cdots,N$; 而 $\nabla^m u$ 表示 $\partial^\alpha u^i,|\alpha|=m,i=1,\cdots,N$, 这里多重指标 $\alpha=(\alpha_1,\cdots,\alpha_n),\alpha_i\geqslant 0,|\alpha|=\sum\limits_i\alpha_i,\partial^\alpha u=\dfrac{\partial^{|\alpha|}u}{\partial x_1^{\alpha_1}\cdots\partial x_n^{\alpha_n}}$.

其极小点 u 满足 Euler-Lagrange 方程:

$$\sum_{|\alpha|\leqslant m}(-1)^{|\alpha|}\partial^\alpha F_{p^i_\alpha}(x,\delta u,\nabla^m u)=0,\quad i=1,2,\cdots,N.$$

众所周知, 在 Morrey 的所谓拟凸条件下, 其极小点存在. 我们关心的问题是极小点的正则性问题. 在这一章里我们主要介绍借用所谓逆 Hölder 不等式证明正则性的技巧, 然而它只适合于具有控制增长条件的方程组. 对于具有自然增长条件的方程组, 如调和映射, 则介绍 Blow-up 分析方法.

§6.1　Gehring 定理和逆 Hölder 不等式

Gehring [Ge] 的一个重要的结果表明: 如果函数 g 的 L^q 平均不超过 L^1 平均, 则 $g \in L^p, p > q$.

假设 $u \in L^1_{loc}(\mathbb{R}^n)$, 定义 u 的极大函数

$$M(u)(x) = \sup_R \fint_{B_R(x)} |u(y)| dy.$$

则 $M(u)(x)$ 有如下的性质:

(1) 如果 $u \in L^p(\mathbb{R}^n), 1 \leqslant p \leqslant \infty$, 则 $M(u)(x)$ 几乎处处有限.

(2) $|u(x)| \leqslant M(u)(x), a.e.\ x$.

(3) 如果 $u \in L^p(\mathbb{R}^n), 1 < p \leqslant \infty$, 则 $M(u) \in L^p(\mathbb{R}^n)$, 且

$$\|M(u)\|_{L^p} \leqslant c(n,p)\|u\|_{L^p}.$$

(4) 设 $u \in L^1(\mathbb{R}^n), \alpha > 0$, 则

$$\text{meas}(\{x : M(u)(x) > \alpha\}) \leqslant \frac{5^n}{\alpha} \int_{\mathbb{R}^n} |u| dx.$$

设 $Q \subset \mathbb{R}^n$ 是立方体, u 在 Q 外为 0.

定理 6.1 (Gehring 定理)　假设

$$M(u^q) \leqslant bM(u)^q,$$

这里常数 $b > 1$. 则 $u \in L^p(Q), p > q$, 且

$$\fint_Q |u|^p \leqslant c(b,n,q) \left(\fint_Q |u|^q \right)^{\frac{p}{q}}.$$

我们这里介绍一个局部版本, 见 Giaquinta, Modica [GM] [Gia]. 设 $Q_r(x_0)$ 是中心在 x_0、边长为 $2r$ 的立方体, 特别地, $Q_r(0) = Q_r$.

定理 6.2　假设 $u \in L^q(Q_{3/2}), f \in L^{\overline{p}}(Q_{3/2}), \overline{p} > q > 1$, 且

$$M_{\frac{1}{2}d(x)}(u^q)(x) \leqslant bM^q(u)(x) + M(f^q)(x) + \theta M(u^q)(x), \quad a.e.\ x \in Q_{3/2}, \tag{6.1}$$

这里常数 $b > 1, \theta \in [0,1)$,

$$M_r(u)(x) = \sup_{\tau < r} \fint_{B_\tau(x)} |u(y)| dy, \quad d(x) = \text{dist}\,(x, \partial Q_{3/2}).$$

则存在 $\varepsilon(n,\overline{p},q,b,\|f\|_{L^{\overline{p}}(Q_{3/2})})>0$ 使得 $u\in L^p_{loc}(Q_{3/2})$, 这里 $p\in[q,q+\varepsilon)$, 且

$$\left(\fint_{Q_{1/2}}|u|^p dx\right)^{\frac{1}{p}}\leqslant c(b,\theta,q,n)\left[\left(\fint_{Q_{3/2}}|u|^q\right)^{\frac{1}{q}}+\left(\fint_{Q_{3/2}}|f|^p\right)^{\frac{1}{p}}\right].$$

证明 1° 设

$$C_k=\left\{x\in Q_{\frac{3}{2}}:2^{-k}<\operatorname{dist}(x,\partial Q_{\frac{3}{2}})\leqslant 2^{-k+1}\right\},k\in\mathbb{N}^*,\quad C_0=Q_{1/2},$$

则

$$Q_{\frac{3}{2}}=\sum_{k=0}^{\infty}C_k.$$

记

$$U(x)=\begin{cases}\dfrac{|u|(x)}{\|u\|_{q,Q_{3/2}}+\|f\|_{q,Q_{3/2}}}, & \theta=0,\\ \dfrac{\sqrt{\theta}|u|(x)}{\|u\|_{q,Q_{3/2}}+\|f\|_{q,Q_{3/2}}}, & \theta>0,\end{cases}\qquad \mathcal{U}(x)=\frac{U(x)}{2^{nk/q}\sigma^{n/q}},\ x\in C_k,$$

$$F(x)=\begin{cases}\dfrac{|f|(x)}{\|u\|_{q,Q_{3/2}}+\|f\|_{q,Q_{3/2}}}, & \theta=0,\\ \dfrac{\sqrt{\theta}|f|(x)}{\|u\|_{q,Q_{3/2}}+\|f\|_{q,Q_{3/2}}}, & \theta>0,\end{cases}\qquad \mathcal{F}(x)=\frac{F(x)}{2^{nk/q}\sigma^{n/q}},\ x\in C_k,$$

这里

$$\|u\|_{q,Q_{3/2}}=\|u\|_{L^q(Q_{3/2})}|Q_{3/2}|^{-\frac{1}{q}}.$$

如果 $\theta\neq 0$, 将定理的条件 (6.1) 两边同乘以 $\dfrac{\theta^{\frac{q}{2}}}{(\|u\|_{q,Q_{3/2}}+\|f\|_{q,Q_{3/2}})^q}$, 并利用

$$M(F^q)=\left(M^{\frac{1}{q}}(F^q)\right)^q\leqslant M^q(M^{\frac{1}{q}}(F^q))=M^q(\widetilde{F}),$$

$$M_{\frac{1}{2}d(x)}(U^q)\leqslant bM^q(U+\widetilde{F})+\theta M(U^q),\tag{6.2}$$

这里

$$\widetilde{F}=M^{\frac{1}{q}}(F^q).$$

此式在 $\theta=0$ 时自然成立.

2° 将 $Q_{3/2}$ 分解成 3^n 个边长为 1 的立方体, 再分解成边长为 2^{-k} 的立方体, 共 3^n2^{nk} 个 $\{P_k\}$. 由于 C_k 的宽度是 $2^{-k}=\dfrac{3}{2}-2^{-k}-\left(\dfrac{3}{2}-2^{-k+1}\right)$, 在这些立方体中, 如果 $P_k\cap\dot{C}_k\neq\emptyset$, 则 $\dfrac{1}{2}P_k\subset C_k$. 记为 $J=\{P_k:P_k\cap\dot{C}_k\neq\emptyset\}$. 设

$\sigma > 3$, 由于 $q > 1$,

$$\fint_{Q_{3/2}} U^q \leqslant \xi = \begin{cases} 1, & \theta = 0, \\ \sqrt{\theta}, & \theta > 0, \end{cases}$$

设 $s > t \geqslant 1 \geqslant \xi$, 则

$$\fint_{P_k} U^q \leqslant 2^{nk} 3^n \fint_{Q_{3/2}} U^q < 2^{nk} \sigma^n s^q.$$

使用 Calderón-Zygmund 分解, 得到立方体 $\{Q_k^j : Q_k^j \subset C_k\}$ 满足

$$2^{nk} \sigma^n s^q \leqslant \fint_{Q_k^j} U^q < 2^n 2^{nk} \sigma^n s^q,$$

$$U^q(x) \leqslant 2^{nk} \sigma^n s^q, \quad a.e.\ x \in C_k \backslash \bigcup_j Q_k^j.$$

设

$$A(\tau) = \{x \in Q_{3/2} : \mathcal{U}(x) > \tau\}, \quad B(\tau) = \{x \in Q_{3/2} : \widetilde{\mathcal{F}}(x) > \tau\}.$$

我们看到

$$\mathcal{U}(x) \leqslant s, \quad x \in C_k \backslash \bigcup_j Q_k^j,$$

从而

$$\left| A(s) \backslash \bigcup_{j,k} Q_k^j \right| = 0.$$

因此

$$\int_{A(s)} \mathcal{U}^q dx \leqslant \sum_{j,k} \int_{Q_k^j} \mathcal{U}^q \leqslant 2^n s^q \sum_{j,k} |Q_k^j|. \tag{6.3}$$

我们需要估计 (6.3) 的右边.

3° 设 $\theta > 0$. 我们转化 (6.2) 成 $\theta = 0$ 的情形. 注意到

$$\begin{aligned} |Q_k^j| &\leqslant 2^{-nk} \sigma^{-n} s^{-q} \int_{Q_k^j} U^q \leqslant 2^{-nk} \sigma^{-n} s^{-q} \fint_{Q_1} U^q \\ &\leqslant 2^{-nk} \sigma^{-n} s^{-q} 3^n \fint_{Q_{3/2}} U^q \leqslant 2^{-nk} \left(\frac{3}{\sigma}\right)^n, \end{aligned}$$

于是 Q_k^j 的直径 $\operatorname{diam}(Q_k^j) \leqslant \dfrac{3}{\sigma} \sqrt{n} 2^{-k}$, 取 $\sigma > 6\sqrt{n}$, 则

$$\operatorname{diam} Q_k^j < \frac{1}{2} \operatorname{dist}(Q_k^j, \partial Q).$$

设 τ 是 Q_k^j 的边长, 则 Q_k^j 的内切球 $B_{\tau/2}$ 和外接球 $B_{\tau\sqrt{n}/2}$ 满足

$$|B_{\tau/2}| < |Q_k^j| < |B_{\tau\sqrt{n}/2}|,$$

从而

$$\left(\frac{2}{\sqrt{n}}\right)^n \leqslant \frac{\omega_n}{n} \leqslant 2^n.$$

对任意的 $x \in Q_k^j$,

$$\begin{aligned}2^{nk}\sigma^n s^q &\leqslant \fint_{Q_k^j} U^q \leqslant \frac{1}{|B_{\tau/2}|}\int_{B_{\tau\sqrt{n}/2}} U^q \leqslant n^{n/2}\fint_{B_{\tau\sqrt{n}/2}} U^q \\ &\leqslant n^{n/2} M_{\frac{1}{2}d(x)}(U^q)(x) \leqslant n^{n/2} M(U^q)(x).\end{aligned}$$

由于 $0<\theta<1$, 存在球 $B_r(x) \subset Q_{3/2}$ 使得

$$2^{nk}\sigma^n s^q n^{-n/2}\sqrt{\theta} \leqslant \sqrt{\theta} M(U^q)(x) \leqslant \fint_{B_r(x)} U^q. \tag{6.4}$$

从而

$$|B_r| \leqslant \frac{2^{-nk}\sigma^{-n}s^{-q}n^{n/2}}{\sqrt{\theta}}\int_{B_r} U^q \leqslant \frac{3^n n^{n/2}}{2^{nk}\sigma^n s^q},$$

即

$$r \leqslant \frac{\dfrac{3\sqrt{n}}{\sigma}}{2^k s^{q/n}\left(\dfrac{\omega_n}{n}\right)^{1/n}} \leqslant \frac{2^{-k}}{4 s^{q/n} n^{-1/2}} \leqslant \frac{1}{2}\mathrm{dist}\,(x, \partial Q),$$

这里取 $s=\lambda t$, $\lambda(n,q)>1$ 适当大. 从 (6.4) 得到

$$M(U^q)(x) \leqslant \frac{1}{\sqrt{\theta}} M_{\frac{1}{2}d(x)}(U^q)(x),$$

因此对任意的 $x \in Q_{3/2}$ 使得 (6.1) 成立, 从 (6.2) 得到

$$M_{\frac{1}{2}d(x)}(U^q)(x) \leqslant \frac{b}{1-\sqrt{\theta}} M^q(U+\widetilde{F})(x). \tag{6.5}$$

当 $\theta=0$ 时 (6.5) 自然成立.

4° 现在估计 (6.3) 的右端. 设 $x \in Q_k^j$ 使得 (6.1) 成立, 则

$$2^{nk}\sigma^n s^q \leqslant \fint_{Q_k^j} U^q \leqslant n^{n/2} M_{\frac{1}{2}d(x)}(U^q)(x) \leqslant \frac{n^{n/2} b}{1-\sqrt{\theta}} M^q(U+\widetilde{F})(x),$$

存在 $B_r(x)$ 使得

$$2^{nk}\sigma^n s^q \leqslant \frac{2^q n^{n/2} b}{1-\sqrt{\theta}}\left(⨍_{B_r(x)}(U+\widetilde{F})\right)^q$$
$$\leqslant \frac{2^q n^{n/2} b}{1-\sqrt{\theta}}\left[\left(⨍_{B_r(x)}U^q\right)^{\frac{1}{q}}+\left(⨍_{B_r(x)}\widetilde{F}^q\right)^{\frac{1}{q}}\right]^q. \tag{6.6}$$

由于

$$\|\widetilde{F}\|_{L^{\overline{p}}(Q_{3/2})} \leqslant \|M(F^q)\|^{1/q}_{L^{\overline{p}/q}(Q_{3/2})} \leqslant A(n,q,\overline{p})\|F\|_{L^{\overline{p}}(Q_{3/2})},$$

我们有

$$|B_r| \leqslant \frac{2^q n^{n/2} b}{2^{nk}\sigma^n s^q(1-\sqrt{\theta})}\left[\left(\int_{B_r(x)}U^q\right)^{\frac{1}{q}}+\left(\int_{B_r(x)}\widetilde{F}^q\right)^{\frac{1}{q}}\right]^q$$
$$\leqslant \frac{2^q n^{n/2} b}{2^{nk}\sigma^n s^q(1-\sqrt{\theta})}\left[\left(\int_{Q_{3/2}}U^q\right)^{\frac{1}{q}}+\left(\int_{Q_{3/2}}\widetilde{F}^q\right)^{\frac{1}{q}}\right]^q$$
$$\leqslant \frac{c(n,\overline{p},q,F)2^q n^{n/2} b}{2^{nk}\sigma^n s^q(1-\sqrt{\theta})}.$$

于是再取 $\lambda(n,\overline{p},q,F,\theta,b)$ 充分大, 使得 $r\leqslant 2^{-k-1}$, 即 $B_r(x)$ 与 C_{k-1},C_k,C_{k+1} 至少一个有非空交. 从 (6.6) 得到

$$s \leqslant \left(\frac{2^q n^{n/2} b}{1-\sqrt{\theta}}\right)^{\frac{1}{q}} ⨍_{B_r(x)}(\mathcal{U}+\widetilde{\mathcal{F}}),$$

即

$$\lambda t|B_r(x)| \leqslant \left(\frac{2^q n^{n/2} b}{1-\sqrt{\theta}}\right)^{\frac{1}{q}}\left(\int_{B_r(x)\cap A(t)}\mathcal{U}+\int_{B_r(x)\cap B(t)}\widetilde{\mathcal{F}}+2t|B_r(x)|\right),$$

再一次要求 λ 充分大, 我们有

$$|B_r(x)| \leqslant \frac{c(n,\overline{p},q,b,\theta,F)}{t}\left(\int_{B_r(x)\cap A(t)}\mathcal{U}+\int_{B_r(x)\cap B(t)}\widetilde{\mathcal{F}}\right).$$

由于这样的球覆盖集合 $\bigcup\limits_{j,k} Q_k^j$, 由 Vitali 覆盖定理, 我们可以选取不交球 $\{B_i\}_i$ 使得

$$\left|\bigcup_{j,k} Q_k^j\right| \leqslant c(n)\sum_i |B_i| \leqslant \frac{c(n,\overline{p},q,b,\theta,F)}{t}\left(\int_{A(t)}\mathcal{U}+\int_{B(t)}\widetilde{\mathcal{F}}\right).$$

由 (6.3),

$$\int_{A(s)} \mathcal{U}^q \leqslant c(n,\overline{p},q,b,\theta,F)t^{q-1}\left(\int_{A(t)} \mathcal{U} + \int_{B(t)} \widetilde{\mathcal{F}}\right).$$

5° 由于

$$\begin{aligned}\int_{A(t)} \mathcal{U}^q &\leqslant \int_{A(s)} \mathcal{U}^q + \int_{A(t)\setminus A(s)} \mathcal{U}^q \\ &\leqslant \int_{A(s)} \mathcal{U}^q + s^{q-1}\int_{A(t)} \mathcal{U} \\ &\leqslant c(n,\overline{p},q,b,\theta,F)t^{q-1}\left(\int_{A(t)} \mathcal{U} + \int_{B(t)} \widetilde{\mathcal{F}}\right),\end{aligned}$$

记

$$h(t) = \int_{A(t)} \mathcal{U}, \quad H(t) = \int_{A(t)} \widetilde{\mathcal{F}},$$

则我们有

$$\int_{A(t)} \mathcal{U}^q = -\int_t^\infty \tau^{q-1} dh(\tau) \leqslant c\, t^{q-1}(h(t)+H(t)),$$

由下面的引理 6.1, 存在 $C(n,\overline{p},q,\theta,b,F), \varepsilon(n,\overline{p},q,\theta,b,F) > 0$, 对任意的 $p \in [q, q+\varepsilon)$,

$$-\int_t^\infty \tau^{p-1} dh(\tau) \leqslant C\left(-\int_t^\infty \tau^{q-1} dh(\tau) - \int_t^\infty \tau^{p-1} dH(\tau)\right),$$

即

$$\int_{A(t)} \mathcal{U}^p \leqslant C\left(\int_{A(t)} \mathcal{U}^q + \int_{B(t)} \widetilde{\mathcal{F}}^p\right),$$

由此不难看出结论成立. □

引理 6.1 设常数 $q > 0, a > 1$, 函数 $h(t), H(t) : [1,\infty) \to [0,\infty)$ 是两个单调下降的函数, 满足

(1) $\lim\limits_{t\to\infty} h(t) = \lim\limits_{t\to\infty} H(t) = 0$;

(2) $-\int_t^\infty s^q dh(s) \leqslant a(t^q h(t) + t^q H(t)), \quad t \in [1,\infty)$.

则

$$-\int_t^\infty s^p dh(s) \leqslant \frac{q}{aq-(a-1)p}\left(-\int_t^\infty s^q dh(s)\right) + \frac{a(p-q)}{aq-(a-1)p}\left(-\int_t^\infty s^p dH(s)\right),$$

这里 $p \in \left[q, \dfrac{a}{a-1}q\right)$.

证明 先假设 $h(t)=0, t\in[j,\infty), j>1$. 设

$$I(r)=-\int_1^\infty t^r dh(t)=-\int_1^j t^r dh(t).$$

对 $p>0$, 分部积分得

$$\begin{aligned}I(p)&=-\int_1^j t^{p-q}t^q dh(t)\\&=-\int_1^j t^{p-q}d\left(-\int_t^j s^q dh(s)\right)\\&=t^{p-q}\int_t^j s^q dh(s)\Big|_1^j+(p-q)\int_1^j t^{p-q-1}\left(-\int_t^j s^q dh(s)\right)dt\\&=-\int_1^j s^q dh(s)+(p-q)\int_1^j t^{p-q-1}\left(-\int_t^j s^q dh(s)\right)dt.\end{aligned}$$

利用假设 (2),

$$\begin{aligned}\int_1^j t^{p-q-1}\left(-\int_t^j s^q dh(s)\right)dt&\leqslant a\int_1^j t^{p-q-1}\left(t^q h(t)+t^q H(t)\right)dt\\&=\frac{at^p}{p}h(t)\Big|_1^j-\frac{a}{p}\int_1^j t^p dh(t)\\&\quad+\frac{at^p}{p}H(t)\Big|_1^j-\frac{a}{p}\int_1^j t^p dH(t)\\&=\frac{a}{p}I(p)-\frac{a}{p}h(1)-\frac{a}{p}H(1)+\frac{a}{p}\left(-\int_1^j t^p dH(t)\right),\end{aligned}$$

$$I(q)\leqslant a(h(1)+H(1)).$$

因此

$$\int_1^j t^{p-q-1}\left(-\int_t^j s^q dh(s)\right)dt\leqslant-\frac{1}{p}I(q)+\frac{a}{p}I(p)+\frac{a}{p}\left(-\int_1^j t^p dH(t)\right).$$

这样

$$I(p)\leqslant I(q)+(p-q)\left[-\frac{1}{p}I(q)+\frac{a}{p}I(p)+\frac{a}{p}\left(-\int_1^j t^p dH(t)\right)\right],$$

即

$$I(p)\leqslant\frac{q}{aq+p(1-a)}I(q)+\frac{a(p-q)}{aq+p(1-a)}\left(-\int_1^j t^p dH(t)\right).$$

令 $j\to\infty$ 即得证. □

由此立即得到下面的推论.

推论 6.1 设 Q 是立方体, $u \in L^q(Q), f \in L^{\overline{p}}(Q), \overline{p} > q$. 假设对每个 $Q_r(x_0) \subset Q$, 有

$$\fint_{Q_{r/2}(x_0)} |u|^q \leqslant b\left(\fint_{Q_r(x_0)} |u|\right)^q + \fint_{Q_r(x_0)} |f|^q + \theta \fint_{Q_r(x_0)} |u|^q, \tag{6.7}$$

这里 $b > 1, 0 \leqslant \theta < 1$ 是常数. 则 $u \in L^p_{loc}(Q), p \in [q, q+\varepsilon)$, 且对任意的 $Q_R(y) \subset Q$,

$$\left(\fint_{Q_{R/2}} |u|^p\right)^{\frac{1}{p}} \leqslant c\left[\left(\fint_{Q_R} |u|^q\right)^{\frac{1}{q}} + \left(\fint_{Q_R} |f|^p\right)^{\frac{1}{p}}\right],$$

这里 c, ε 是依赖于 $b, \theta, \overline{p}, q, n$ 的正常数.

§6.2 椭圆型方程组的高次可积性

我们研究一般的非线性椭圆型方程组

$$-D_\alpha A_i^\alpha(x, u, \nabla u) + B_i(x, u, \nabla u) = 0, \quad i = 1, 2, \cdots, N, \quad x \in \Omega, \tag{6.8}$$

这里 $u = (u^1, \cdots, u^N), \Omega \subset \mathbb{R}^n$.

为了定义弱解, 我们对 A_i^α, B_i 提出下面的**控制增长条件:**

$$|A_i^\alpha(x, u, \nabla u)| \leqslant c_1\left(|\nabla u| + |u|^{r/2} + f_{i\alpha}\right), \tag{6.9}$$

$$|B(x, u, \nabla u)_i| \leqslant c_2\left(|\nabla u|^{2(1-1/r)} + |u|^{r-1} + f_i\right), \tag{6.10}$$

这里

$$r = \begin{cases} \dfrac{2n}{n-2}, & n > 2, \\ t, & n = 2, t > 2, \end{cases} \qquad f_{i\alpha} \in L^2(\Omega), f_i \in L^{\frac{r}{r-1}}(\Omega);$$

椭圆型条件:

$$A_i^\alpha(x, u, \xi)\xi_\alpha^i \geqslant \lambda|\xi|^2 - c_2|u|^r - f^2, \tag{6.11}$$

这里 $f \in L^2(\Omega), \lambda, c_1, c_2$ 是正常数.

称 $u \in H^1(\Omega; \mathbb{R}^N)$ 是 (6.8) 的弱解, 如果

$$\int_\Omega A_i^\alpha(x, u, \nabla u) D_\alpha \varphi^i + B(x, u, \nabla u)_i \varphi^i = 0, \quad \forall \varphi \in H_0^1(\Omega; \mathbb{R}^N). \tag{6.12}$$

定理 6.3 假设 (6.9), (6.10), (6.11) 成立, $f, f_{i\alpha} \in L^\sigma(\Omega), f_i \in L^s(\Omega), \sigma > 2, s > \dfrac{r}{r-1}$. 记 $\mathbf{f}_N = (f_i)$, $\mathbf{f}_{Nn} = (f_{i\alpha})$. 则存在指标 $p > 2$ 使得 $u \in W^{1,p}_{loc}(\Omega; \mathbb{R}^N)$. 进一步, $\forall B_{R/2} \subset B_R \subset \Omega$,

$$\left(\fint_{B_{R/2}} (|u|^r + |\nabla u|^2)^{\frac{p}{2}}\right)^{\frac{1}{p}} \leqslant c\left[\left(\fint_{B_R} (|u|^r + |\nabla u|^2)\right)^{\frac{1}{2}} + \left(\fint_{B_R} \left(f^2 + |\mathbf{f}_{Nn}|^2 + |\mathbf{f}_N|^{\frac{r}{r-1}}\right)^{\frac{p}{2}}\right)^{\frac{1}{p}}\right],$$

这里 $R < R_0$, R_0 依赖于 u, $c(n, \lambda, c_1, c_2, p, \|\mathbf{f}_N\|_{L^{r'}(\Omega)})$.

证明 取 $\varphi(x) = (u(x) - \overline{u}_{B_R})\eta^2(x)$, 这里 $\overline{u}_{B_R} = \fint_{B_R} u$, $\eta \in C_0^\infty(B_R), 0 \leqslant \eta \leqslant 1, \eta(x) = 1, \forall x \in B_{R/2}, |\nabla \eta| \leqslant c/R$. 则从 (6.12) 我们有

$$\int_\Omega A_i^\alpha \left(\partial_\alpha u^i \eta^2 + 2\eta(u^i - (\overline{u}^i)_{B_R})\partial_\alpha \eta\right) + B \cdot (u - \overline{u}_{B_R})\eta^2 = 0,$$

即

$$\begin{aligned}\lambda \int |\nabla u|^2\eta^2 \leqslant c_2 \int |u|^r\eta^2 &+ \int f^2\eta^2 \\ &+ c_1 \int 2\left(|\nabla u| + |u|^{r/2} + |\mathbf{f}_{Nn}|\right)|u - u_{B_R}|\nabla\eta|\eta \\ &+ c_2 \int \left(|\nabla u|^{2(1-1/r)} + |u|^{r-1} + |\mathbf{f}_N|\right)|u - \overline{u}_{B_R}|\eta^2.\end{aligned}$$

我们估计右边的项:

$$\begin{aligned}\int |\mathbf{f}_N||u - \overline{u}_{B_R}|\eta^2 &\leqslant \|u - \overline{u}_{B_R}\|_{L^r(B_R)}\|\mathbf{f}_N\|_{L^{r'}(B_R)} \\ &\leqslant c(n)R^{n(1/r-1/2)+1}\|\nabla u\|_{L^2(B_R)}\|\mathbf{f}_N\|_{L^{r'}(B_R)} \\ &\leqslant \varepsilon\|\nabla u\|^2_{L^2(B_R)} + c(n,\varepsilon)R^{2n(1/r-1/2)+2}\|\mathbf{f}_N\|^2_{L^{r'}(B_R)};\end{aligned}$$

$$\begin{aligned}\int |u|^{r-1}|u - \overline{u}_{B_R}|\eta^2 &\leqslant \|u - \overline{u}_{B_R}\|_{L^r(B_R)}\|u^{r-1}\|_{L^{r'}(B_R)} \\ &\leqslant c(r,n)R^{rn(1/r-1/2)+r}\|\nabla u\|^r_{L^2(B_R)} + c(r)\|u\|^r_{L^r(B_R)};\end{aligned}$$

$$\begin{aligned}\int |\nabla u|^{2(1-1/r)}|u - \overline{u}_{B_R}|\eta^2 &\leqslant \|u - \overline{u}_{B_R}\|_{L^r(B_R)}\|\nabla u\|^{2(1-1/r)}_{L^2(B_R)} \\ &\leqslant c(n)R^{n(1/r-1/2)+1}\|\nabla u\|^{3-2/r}_{L^2(B_R)};\end{aligned}$$

$$\begin{aligned}\int |u|^r\eta^2 &\leqslant c(r)\int_{B_R} |u - \overline{u}_{B_R}|^r + c(r)\int_{B_R} |\overline{u}_{B_R}|^r \\ &\leqslant c(r,n)R^{rn(1/r-1/2)+r}\|\nabla u\|^r_{L^2(B_R)} \\ &\quad + c(r)|B_R|^{1-2/q}\|u\|^r_{L^{\frac{rq}{2}}(B_R)};\end{aligned}$$

这里 $q=\dfrac{2n}{n+2}>1$. 于是

$$
\begin{aligned}
&\int_{B_{R/2}}|\nabla u|^2+u^r\\
\leqslant&\frac{c}{R^2}\int_{B_R}|u-\overline{u}_{B_R}|^2+c(r)|B_R|^{1-2/q}\|u\|^r_{L^{\frac{rq}{2}}(B_R)}\\
&+cR^{2n(1/r-1/2)+2}\|\mathbf{f}_N\|^2_{L^{r'}(B_R)}+c\int_{B_R}f^2+|\mathbf{f}_{Nn}|^2\\
&+c\left(\varepsilon+R^{n(1/r-1/2)+1}\|\nabla u\|^{1-2/r}_{L^2(B_R)}+R^{rn(1/r-1/2)+r}\|\nabla u\|^{r-2}_{L^2(B_R)}\right)\|\nabla u\|^2_{L^2(B_R)},
\end{aligned}
$$

由于对任何 $n\geqslant 2$, 当 $R\to 0$ 时有

$$
R^{n(1/r-1/2)+1}\|\nabla u\|^{1-2/r}_{L^2(B_R)}+R^{rn(1/r-1/2)+r}\|\nabla u\|^{r-2}_{L^2(B_R)}\to 0,
$$

因此

$$
\begin{aligned}
⨍_{B_{R/2}}|\nabla u|^2+|u|^r\leqslant c\left(⨍_{B_R}|\nabla u|^q+|u|^{\frac{rq}{2}}\right)^{\frac{2}{q}}+\frac{1}{2}⨍_{B_R}|\nabla u|^2 \qquad (6.13)\\
+c⨍_{B_R}f^2+|\mathbf{f}_{Nn}|^2+R^{2n(1/r-1/2)+2}\|\mathbf{f}_N\|^2_{L^{r'}(B_R)}.
\end{aligned}
$$

固定立方体 $Q_{R_1}, R_1<R_0, \forall x\in Q_{R_1}$, 令

$$
F=R_1^{n(1/r-1/2)+1}\|\mathbf{f}_N\|^{1-\frac{r'}{2}}_{L^{r'}(Q_{R_1})}|\mathbf{f}_N|^{\frac{r}{2(r-1)}},
$$

从 (6.13), 对 $R<\dfrac{1}{2}\mathrm{dist}\,(x,\partial Q_{R_1})$, 有

$$
\begin{aligned}
⨍_{B_{R/2}}|\nabla u|^2+|u|^r\leqslant c\left(⨍_{B_R}|\nabla u|^q+|u|^{\frac{rq}{2}}\right)^{\frac{2}{q}}+\frac{1}{2}⨍_{B_R}|\nabla u|^2\\
+c⨍_{B_R}f^2+|\mathbf{f}_{Nn}|^2+F^2.
\end{aligned}
$$
□

对 (6.8) 提出**自然增长条件:**

$$
|A_i^\alpha(x,u,\nabla u)|\leqslant c_1\left(|\nabla u|+f_{i\alpha}\right), \qquad (6.14)
$$

$$
|B(x,u,\nabla u)_i|\leqslant c_2\left(|\nabla u|^2+f_i\right), \qquad (6.15)
$$

这里

$$
f_{i\alpha}\in L^2(\Omega),\ f_i\in L^1(\Omega);
$$

椭圆型条件:

$$
A_i^\alpha(x,u,\xi)\xi_\alpha^i\geqslant\lambda|\xi|^2-c_1f^2, \qquad (6.16)
$$

这里 $f \in L^2(\Omega), \lambda, c_1, c_2$ 是正常数.

此时弱解的定义为: 称 $u \in H^1(\Omega;\mathbb{R}^N) \cap L^\infty(\Omega;\mathbb{R}^N)$ 是 (6.8) 的弱解, 如果 $\forall \varphi \in H_0^1(\Omega;\mathbb{R}^N) \cap L^\infty(\Omega;\mathbb{R}^N)$,

$$\int_\Omega A_i^\alpha(x,u,\nabla u)D_\alpha\varphi^i + B(x,u,\nabla u)_i\varphi^i = 0. \tag{6.17}$$

定理 6.4 假设 (6.14), (6.15), (6.16) 成立, $f, f_{i\alpha} \in L^\sigma(\Omega), f_i \in L^s(\Omega), \sigma > 2, s > 1$. 如果 $u \in W_{loc}^{1,p}(\Omega;\mathbb{R}^N), \|u\|_{L^\infty(\Omega)} \leqslant M$, 且满足小条件

$$2c_2 M < \lambda, \tag{6.18}$$

则存在指标 $p > 2$ 使得 $u \in W_{loc}^{1,p}(\Omega;\mathbb{R}^N)$. 进一步, $\forall B_{R/2} \subset B_R \subset \Omega$,

$$\left(\fint_{B_{R/2}} |\nabla u|^p\right)^{\frac{1}{p}} \leqslant c\left[\left(\fint_{B_R} |\nabla u|^2\right)^{\frac{1}{2}} + \left(\fint_{B_R} \left(f^2 + |\mathbf{f}_{Nn}|^2 + |\mathbf{f}_N|\right)^{\frac{p}{2}}\right)^{\frac{1}{p}}\right],$$

这里 $c(n, \lambda, c_1, c_2, p, M)$.

证明 与上面的定理 6.3 类似, 我们有

$$\begin{aligned}
\lambda \int |\nabla u|^2\eta^2 &\leqslant c_1 \int f^2\eta^2 + 2\left(|\nabla u| + |\mathbf{f}_{Nn}|\right)|u - u_{B_R}||\nabla\eta|\eta \\
&\quad + c_2 \int \left(|\nabla u|^2 + |\mathbf{f}_N|\right)|u - \overline{u}_{B_R}|\eta^2 \\
&\leqslant (\varepsilon + 2c_2 M)\|\eta\nabla u\|_{L^2(B_R)}^2 + \frac{c(\varepsilon)}{R^2}\|u - u_{B_R}\|_{L^2(B_R)}^2 \\
&\quad + c(M)\int_{B_R} \left(f^2 + |\mathbf{f}_{Nn}|^2 + |\mathbf{f}_N|\right).
\end{aligned}$$

由小条件 (6.18), 我们得到

$$\fint_{B_{R/2}} (|\nabla u|^q)^{\frac{2}{q}} \leqslant c\left(\fint_{B_R} |\nabla u|^q\right)^{\frac{2}{q}} + c\int_{B_R} \left(f^q + |\mathbf{f}_{Nn}|^q + |\mathbf{f}_N|^{\frac{q}{2}}\right)^{\frac{2}{q}},$$

存在 $\varepsilon > 0$ 使得

$$\fint_{B_{R/2}} (|\nabla u|^q)^{\frac{2}{q}+\varepsilon} \leqslant c\left(\fint_{B_R} |\nabla u|^q\right)^{\frac{1}{q}\left(\frac{2}{q}+\varepsilon\right)} + c\int_{B_R} \left(f^q + |\mathbf{f}_{Nn}|^q + |\mathbf{f}_N|^{\frac{q}{2}}\right)^{\frac{2}{q}+\varepsilon}. \quad \square$$

注解 6.1 (1) 当 $N = 1$ 时, 小条件 (6.18) 能够去掉. 因为取 $\varphi = (u -$

$\overline{u}_{B_R})e^{t|u-\overline{u}_{B_R}|^2}\eta^2$, 则

$$\begin{aligned}
&\lambda\int|\nabla u|^2\left(2t|u-\overline{u}_{B_R}|^2+1\right)e^{t|u-\overline{u}_{B_R}|^2}\eta^2\\
\leqslant\ &c_1\int f^2\left(2t|u-\overline{u}_{B_R}|^2+1\right)e^{t|u-\overline{u}_{B_R}|^2}\eta^2\\
&+2c_2\int\left(|\nabla u|+|\mathbf{f}_{Nn}|\right)|u-u_{B_R}|e^{t|u-\overline{u}_{B_R}|^2}|\nabla\eta|\eta\\
&+c_2\int\left(|\nabla u|^2+|\mathbf{f}_N|\right)|u-\overline{u}_{B_R}|e^{t|u-\overline{u}_{B_R}|^2}\eta^2\\
\leqslant\ &\int\left(\frac{\lambda}{2}|\nabla u|^2|u-\overline{u}_{B_R}|^2+c_2|\nabla u|^2|u-\overline{u}_{B_R}|\right)e^{t|u-\overline{u}_{B_R}|^2}\eta^2\\
&+\frac{c(\lambda,t,M)}{R^2}\|u-u_{B_R}\|^2_{L^2(B_R)}+c(M,t)\int\left(f^2+|\mathbf{f}_{Nn}|^2+|\mathbf{f}_N|\right)\\
\leqslant\ &\int\left(c(\lambda,c_2)|\nabla u|^2|u-\overline{u}_{B_R}|^2+\frac{\lambda}{2}|\nabla u|^2\right)e^{t|u-\overline{u}_{B_R}|^2}\eta^2\\
&+\frac{c(\lambda,t,M)}{R^2}\|u-u_{B_R}\|^2_{L^2(B_R)}+c(M,t)\int_{B_R}\left(f^2+|\mathbf{f}_{Nn}|^2+|\mathbf{f}_N|\right).
\end{aligned}$$

取 $t>1$ 充分大即可. 注意到当 u 是向量时 $A_i^\alpha\partial_\alpha u^k, k\neq i$ 是没有椭圆型条件的, 上面的不等式不成立.

(2) 小条件 (6.18) 对于方程组来说是必需的, 见 Frehse 的例子: 设 $\Omega=B_{1/2}(0)\backslash\{0\}, n=N=2$,

$$u=(u^1,u^2)=\left(\sin\left(\sigma\log\log|x|^{-1}\right),\cos\left(\sigma\log\log|x|^{-1}\right)\right),$$

满足方程

$$-\Delta u=\left(u^1+\sigma^{-1}u^2,u^2-\sigma^{-1}u^1\right)|\nabla u|^2.$$

则 $M=1,c_2=\sqrt{1+\sigma^{-2}},\lambda=1,c_2M>\lambda$, 并且 $u\notin W^{1,p},p>2$.

§6.3 变分极小点的正则性

多重积分变分泛函

$$I(u)=\int_\Omega F(Du)dx,$$

定义容许集合

$$\mathcal{A}\equiv\left\{w\in W^{1,p}(\Omega;\mathbb{R}^N)|w(x)=g(x)\,\forall x\in\partial\Omega\right\},$$

这里 $1<p<\infty, g:\partial\Omega\to\mathbb{R}^N$ 给定. 记 $w=(w^1,\cdots,w^N)$,

$$Dw=\begin{pmatrix} w^1_{x_1} & \cdots & w^1_{x_n} \\ \vdots & & \vdots \\ w^N_{x_1} & \cdots & w^N_{x_n} \end{pmatrix},$$

假设 $F:M^{N\times n}\to\mathbb{R}$ 是给定的光滑函数, $M^{N\times n}$ 表示 $N\times n$ 阶矩阵.

首先我们寻求 $\inf\limits_{u\in\mathcal{A}} I(u)$. 假设在 $W^{1,p}(\Omega;\mathbb{R}^N)$ 中, $u_k\rightharpoonup u$. 为了 u 是极小点, 我们必须证明下半连续性:

$$\liminf_{k\to\infty} I(u_k)\geqslant I(u). \tag{6.19}$$

回忆数学分析的方法, 设

$$i(t)=I(u+t\varphi)=\int_\Omega F(Du+tD\varphi), \varphi\in C_0^\infty(\Omega;\mathbb{R}^N),$$

$i(t)$ 在 $t=0$ 取得极小,

$$0\leqslant i''(0)=\int_\Omega \frac{\partial^2 F}{\partial p_k^k\partial p_j^l}(Du)\varphi^k_{x_i}\varphi^l_{x_j}. \tag{6.20}$$

固定 $\zeta\in\mathbb{R},\eta\in\mathbb{R}^N,\xi\in C_0^\infty(\Omega;\mathbb{R}^n),\rho$ 是 2-周期锯齿函数:

$$\rho(s)=\begin{cases} s, & s\in[0,1], \\ 2-s, & s\in[1,2]. \end{cases}$$

取

$$\varphi(x)=\varepsilon\zeta(x)\rho\left(\frac{x\cdot\xi}{\varepsilon}\right)\eta,$$

从 (6.20),

$$\begin{aligned} &\int_\Omega \frac{\partial^2 F}{\partial p_i^k\partial p_j^l}(Du)\varphi^k_{x_i}\varphi^l_{x_j} \\ =&\int_\Omega \frac{\partial^2 F}{\partial p_i^k\partial p_j^l}(Du)\eta^k\eta^l\xi_i\xi_j\left(\chi_{[0,1]}\left(\frac{x\cdot\xi}{\varepsilon}\right)+\chi_{[1,2]}\left(\frac{x\cdot\xi}{\varepsilon}\right)+o(\varepsilon)\right) \\ =&\int_\Omega \frac{\partial^2 F}{\partial p_i^k\partial p_j^l}(Du)\eta^k\eta^l\xi_i\xi_j+o(\varepsilon), \end{aligned}$$

即 **Legendre-Hadamard** 不等式

$$\frac{\partial^2 F}{\partial p_i^k\partial p_j^l}(Du)\eta^k\eta^l\xi_i\xi_j\geqslant 0.$$

假设对任何一个弱收敛的序列 $u_k \rightharpoonup u, W^{1,p}(\Omega;\mathbb{R}^N)$, (6.19) 成立. 为简单起见, 设 $\Omega = Q$ 是单位立方体, 固定 $P \in M^{N\times n}$. 对任意的 $k \in \mathbb{N}^+$, 将 Q 分解成 2^{nk} 个小立方体 $\{Q_i\}$. 对任意的 $v \in C_0^\infty(Q;\mathbb{R}^N)$, 定义

$$u_k(x) = \frac{1}{2^k} v(2^k(x - x_i)) + Px, \quad x \in Q_i; \quad u(x) = Px,$$

x_i 是 Q_i 的中心. 于是

$$\int_Q \nabla u_k \nabla \varphi + u_k \varphi = \int_Q -u_k \Delta\varphi + u_k\varphi \to \int_Q u(-\Delta\varphi + \varphi),$$

即

$$u_k \rightharpoonup u, \quad W^{1,p}(Q;\mathbb{R}^N).$$

(6.19) 成为

$$\liminf_{k\to\infty} \int_Q F(Du_k) = \int_Q F(P + Dv) \geqslant \int_Q F(P) = F(P)|Q|.$$

Morrey 引进了下面的拟凸概念.

定义 6.1 如果对每个 $P \in M^{N\times n}, v \in C_0^\infty(Q;\mathbb{R}^N)$, 成立

$$\int_Q F(P)dx \leqslant \int_Q F(P + Dv)dx, \tag{6.21}$$

称 $F : M^{N\times n} \to \mathbb{R}^N$ 拟凸.

定理 6.5 假设 F 满足增长条件

$$0 \leqslant F(P) \leqslant c(1 + |P|^p), \tag{6.22}$$

则泛函 I 在 $W^{1,p}(\Omega;\mathbb{R}^N)$ 中弱序列下半连续的充要条件是 F 拟凸.

证明 1° 必要性已经证明, 我们证明充分性.

2° 假设在 $W^{1,p}(\Omega;\mathbb{R}^N)$ 中 $u_m \rightharpoonup u$. 则

$$\|u_m\|_{W^{1,p}(\Omega;\mathbb{R}^N)} \leqslant C, \quad \|u_m - u\|_{L^p(\Omega;\mathbb{R}^N)} \to 0.$$

并且假设

$$\lim_m I(u_m) = \liminf_m I(u_m).$$

定义测度

$$\mu_m = |Du_m|^p + |Du|^p + 1,$$

假设在测度意义下

$$\mu_m \rightharpoonup \mu,$$

则

$$\mu(\Omega) < \infty.$$

于是至多可数个超平面 $\pi \subset \mathbb{R}^n$ 使得

$$\mu(\Omega \cap \pi) > 0.$$

我们假设下面的立方体 Q 都满足

$$\mu(\partial Q) = 0.$$

3° 设 Ω 被边长为 $\dfrac{1}{k}$ 的立方体 D_k 的并逼近, 即

$$\begin{cases} H_k = \bigcup_i^I D_{k_i}, \\ \operatorname{meas}(\Omega - H_k) \to 0, \\ \operatorname{meas}(D_{k_i}) = \dfrac{1}{k^n}. \end{cases}$$

假设在 $W^{1,p}(\Omega;\mathbb{R}^N)$ 中 $u_m \rightharpoonup u$, 则

$$\|Du_m\|_{L^p(\Omega)} \leqslant C, \quad \|u_m - u\|_{L^p(\Omega)} \to 0.$$

对任意的 $x \in H_k$,

$$Du^{k_i}(x) = \frac{1}{\operatorname{meas}(D_{k_i})} \int_{D_{k_i}} Du, \quad x \in D_{k_i}.$$

如果 $u \in C^1(\Omega;\mathbb{R}^N)$, 则由 Du 在 H_k 上的一致连续性, $\forall \varepsilon > 0$, 当 k 充分大时,

$$\|Du - Du^{k_i}\|_{C^0(D_{k_i})} < \varepsilon/|\Omega|,$$

因此

$$\|Du - Du^{k_i}\|_{L^p(H_k)} < \varepsilon,$$

由于 F 连续,

$$\|F(Du) - F(Du^{k_i})\|_{L^1(H_k)} < \varepsilon.$$

逼近可知对任意的 $u \in W^{1,p}(\Omega;\mathbb{R}^N)$ 也成立上面的估计.

设 $\sigma \in (0,1), \widehat{D}_{k_i}$ 是与 D_{k_i} 中心相同、边长为 $\dfrac{\sigma}{k}$ 的立方体. 选取光滑截断函数

$$\begin{cases}0 \leqslant \zeta_{k_i} \leqslant 1, & \zeta_{k_i}(x)=1,\, x\in \widehat{D}_{k_i},\\ |D\zeta_{k_i}| \leqslant \dfrac{Ck}{1-\sigma}, & \zeta_{k_i}(x)=0,\, x\in H_k\backslash D_{k_i}.\end{cases}$$

置

$$v_m^{k_i}=\zeta_{k_i}(x)(u_m-u), \quad A_{k_i}=Du^{k_i},$$

则

$$\begin{aligned}&\int_{H_k} F(Du_m)\\ =&\sum_i \int_{D_{k_i}} F(Du+(Du_m-Du))-F(Du+Dv_m^{k_i})+F(Du+Dv_m^{k_i})\\ =&E_1+\sum_i \int_{D_{k_i}} F(Du+Dv_m^{k_i})-F(A_{k_i}+Dv_m^{k_i})+F(A_{k_i}+Dv_m^{k_i})\\ =&E_1+E_2+\sum_i \int_{D_{k_i}} F(A_{k_i}+Dv_m^{k_i})\\ \geqslant& E_1+E_2+\sum_i \int_{D_{k_i}} F(A_{k_i}),\end{aligned}$$

最后的不等式利用了拟凸的假设. 为了估计 E_1, E_2, 我们需要 $|DF(P)|$ 的估计: 由于 F 拟凸, 设单位向量 $\eta \in \mathbb{R}^N, \xi \in \mathbb{R}^n$, 记

$$f(t)=F(P+t\eta\otimes\xi),$$

则 $f(t)$ 凸. 于是

$$f(t)\geqslant f(0)+f'(0)t,$$

即

$$|f'(0)| \leqslant \frac{2}{r}\max_{B_r(0)} f(t) \leqslant \frac{C}{r}(1+|P|^p+r^p),$$

取 $r=|P|+1$, 则

$$|DF(P)| \leqslant C(1+|P|^{p-1}).$$

于是

$$\begin{aligned}|E_1|=&\left|\int_{H_k}\int_0^1 DF(Du_m+\theta(Dv_m^{k_i}+D(u-u_m)))(Dv_m^{k_i}+D(u-u_m))d\theta dx\right|\\ \leqslant& C\sum_i \int_{D_{k_i}-\widehat{D}_{k_i}} 1+|Du|^p+|Du_m|^p+|D\zeta_{k_i}|^p|u_m-u|^p dx,\end{aligned}$$

令 $m\to\infty$,

$$\limsup_m |E_1| \leqslant C\mu\left(\bigcup_i \overline{(D_{k_i}-\widehat{D}_{k_i})}\right)\to 0,\quad \sigma\to 1.$$

$$\begin{aligned}|E_2| &= \left|\int_{H_k}\int_0^1 DF(Du+Dv_m^{k_i}+\theta(Du-A_{k_i}))(Du-A_{k_i})d\theta dx\right|\\ &\leqslant C\|Du-Du^{k_i}\|_{L^p(\Omega)}<\varepsilon.\end{aligned}$$

□

下面我们看一个弱收敛隐含强收敛的条件, 即**一致严格拟凸条件:**

$$\int_Q F(P)+\gamma|Dv|^2dx\leqslant\int_Q F(P+Dv)dx, \tag{6.23}$$

这里 $\gamma>0$ 是常数, 对固定的 $P\in M^{N\times n},\forall v\in C_0^\infty(Q;\mathbb{R}^N)$.

定理 6.6　假设 F 满足 $p=2$ 时的增长条件 (6.22) 和一致严格拟凸条件 (6.23). 设 $I(u)$ 的极小化序列 $\{u_m\}\subset W^{1,2}(\Omega;\mathbb{R}^N)$ 具有弱收敛极限 u. 则

$$\|u_m-u\|_{W^{1,2}(K;\mathbb{R}^N)}\to 0,$$

这里 $K\subset\Omega$ 是任意紧子集, 从而 u 是极小点.

证明　1°　假设

$$u_m\rightharpoonup u,\quad I(u_m)\to I(u).$$

则

$$\|u_m-u\|_{W^{1,2}(\Omega;\mathbb{R}^N)}\to 0.$$

事实上, 由于

$$\begin{aligned}\int_Q F(P+Dv)-\gamma|P+Dv|^2 &\geqslant \int_Q F(P)+\gamma|Dv|^2-\gamma|P+Dv|^2\\ &=\int_Q F(P)-\gamma|P|^2,\end{aligned}$$

即 $G(P)=F(P)-\gamma|P|^2$ 是拟凸的, 于是

$$\begin{aligned}\int_\Omega F(Du)-\gamma|Du|^2 &= \int_\Omega G(Du)\\ &\leqslant \liminf_m\int_\Omega G(Du_m)\\ &=\lim_m\int_\Omega F(Du_m)-\gamma\limsup_m\int_\Omega|Du_m|^2,\end{aligned}$$

从而

$$\limsup_m \int_\Omega |Du_m|^2 \leqslant \int_\Omega |Du|^2.$$

2° 对任意紧集 $K \subset \Omega$, 选取开集 V 使得 $K \subset\subset V \subset\subset \Omega$. 现在记

$$I(u) = \int_V F(Du)dx,$$

则由拟凸性

$$I(u) \leqslant \liminf_m I(u_m).$$

定义光滑截断函数 ζ: $\zeta(x) = 1, \forall x \in K, \zeta(x) = 0, \forall x \in \Omega \backslash V$. 设 $w_m = \zeta u + (1 - \zeta)u_m$, 则

$$I(u_m) \leqslant I(w_m) = I(u) + E_1,$$

$$E_1 \equiv \int_{V-K} F(Dw_m) - F(Du)dx.$$

$$\begin{aligned}|E_1| &\leqslant \int_{V-K}\int_0^1 |DF(Du + \theta(Dw_m - Du))(Dw_m - Du)|\, dxd\theta \\ &\leqslant C\int_{V-K} 1 + |Du|^2 + |Du_m|^2 + |D\zeta|^2|u_m - u|^2 dx \\ &\leqslant C\mu\left(\overline{V-K}\right) + o(\varepsilon).\end{aligned}$$

取 V 使得

$$\mu\left(\overline{V-K}\right) < \varepsilon,$$

因此

$$\limsup_m I(u_m) \leqslant I(u),$$

从而

$$I(u_m) \to I(u),$$

由 1° 得到结论. □

下面的定理是极小点的正则性.

定理 6.7 ([Ev]) 假设光滑函数 F 满足 $p = 2$ 时的增长条件 (6.22) 和一致严格拟凸性条件 (6.23), $u \in W^{1,2}(\Omega; \mathbb{R}^N)$ 是 $I(\cdot)$ 的极小点. 则存在开集 $U \subset \Omega$ 使得

$$\mathcal{L}^n(\Omega\backslash U) = 0, \quad u \in C^\infty(U; \mathbb{R}^N).$$

证明 1° 设

$$E(x,r)=\fint_{B_r(x)}|Du-(Du)_{x,r}|^2dy,$$

这里 $(Du)_{x,r}$ 是 Du 在球 $B_r(x)$ 上的积分平均. 我们有下面的衰减估计: 对任意的 $L>0$, 存在常数 $\tau,\varepsilon\in(0,1)$ 使得 $|(Du)_{x,r}|<L$ 和 $|E(x,r)|<\varepsilon$ 隐含着

$$|E(x,\tau r)|<\frac{1}{2}|E(x,r)|.$$

事实上, 如果断言不真, 则对任意的 $0<\tau<1$, 存在球 $B(x_k,r_k)\subset\Omega$ 使得

$$|(Du)_{x_k,r_k}<L,\quad E(x_k,r_k)\equiv\lambda_k^2\to 0$$

而

$$E(x_k,\tau r_k)>\frac{1}{2}\lambda_k^2. \tag{6.24}$$

我们做 Blow-up 分析: 令

$$v_k(z)\equiv\frac{u(x_k+r_kz)-a_k-r_kA_kz}{r_k\lambda_k},\quad z\in B_1(0),$$

这里 $a_k=(u)_{x_k,r_k},A_k=(Du)_{x_k,r_k}$. 容易检查 $\|v_k\|_{W^{1,2}(B_1(0))}\leqslant C$, 从而取子列, 不妨设在 $W^{1,2}(B,\mathbb{R}^N)$ 中 $v_k\rightharpoonup v$, 在 $M^{N\times n}$ 中 $A_k\to A$.

由于 u 是 $I(\cdot)$ 的极小点, 满足 Euler-Lagrange 方程

$$\operatorname{div}(DF(Du))=0,$$

即

$$\frac{d}{dz_j}\left(\frac{DF(A_k+\lambda_kDv_k)-DF(A_k)}{\lambda_k}\right)=0,$$

令 $k\to\infty$, 得到

$$\frac{d}{dz_j}\left(\frac{\partial^2F}{\partial p_i^\alpha\partial p_j^\beta}(A)v_{z_i}^\alpha\right)=0,\quad \beta=1,\cdots,N.$$

现在 $G(P)=F(P)-\gamma|P|^2$ 是拟凸的从而是 Rank-1 凸, 即对任意的 $\eta\in\mathbb{R}^N,\xi\in\mathbb{R}^n$,

$$(\eta\otimes\xi)^TD^2F(A)(\eta\otimes\xi)\geqslant\gamma|\eta|^2|\xi|^2.$$

从而 v 是常系数椭圆型方程组的弱解, 有正则性估计: 如果 $\tau>0$ 足够小,

$$\fint_{B_\tau(0)}|Dv-(Dv)_{0,\tau}|^2\leqslant\frac{1}{4}.$$

另一方面从 (6.24),

$$\fint_{B_\tau(0)} |Dv_k - (Dv_k)_{0,\tau}|^2 \geqslant \frac{1}{2}.$$

如果能证明

$$\|Dv_k - Dv\|_{L^2(B_{1/2}(0))} \to 0,$$

则得到矛盾! 现在设

$$I_r^k(w) = \int_{B_r(0)} F^k(Dw)dx,$$

这里

$$F^k(P) = \frac{F(A_k + \lambda_k P) - F(A_k) - \lambda_k DF(A_k)P}{\lambda_k^2}.$$

容易看到 v_k 是 $I_1^k(\cdot)$ 的极小点: $I_1^k(v_k + \varphi) \geqslant I_1^k(v_k)$. 几乎与定理 6.6 证明相同, 除去至多可数个 $r \in (0,1)$, 有

$$\limsup_k (I_r^k(v_k) - I_r^k(v)) \leqslant 0.$$

注意到 F 和 F^k 的一致严格拟凸性质, 我们得到

$$\|v_k - v\|_{W^{1,2}_{loc}(B_1(0);\mathbb{R}^N)} \to 0.$$

2° 如果对固定的 $x \in \Omega$ 衰减估计成立, 则存在一个 x 的邻域 $\mathcal{O}(x)$ 在其内衰减估计仍成立. 从衰减估计立即有 $E(x,r) = o(r^\alpha), \alpha \in (0,1)$, 即 $u \in C^{\alpha/2}(\mathcal{O}(x);\mathbb{R}^N)$. 更高的正则性是标准的椭圆估计. 注意到对几乎处处的 x 有 $\lim\limits_{r\to 0} E(x,r) = 0$, 结论得到. □

注解 6.2 对一般的高阶变分泛函

$$I(u) = \int_\Omega F(x, \delta u, \nabla^m u)dx,$$

N. G. Meyers [Me] 1965 年引进了拟凸的概念并研究它和下半连续的关系. Liu [L] 1990 年研究其在一致严格拟凸条件下的部分正则性.

§6.4 调和映射的正则性

映射 $u: \Omega \subset \mathbb{R}^n \to \mathbb{S}^{N-1}$ 的 Dirichlet 能量定义为

$$I(u) = \int_\Omega |\nabla u|^2 dx,$$

其极小点 u 满足 Euler-Lagrange 方程

$$-\Delta u = |\nabla u|^2 u.$$

称 u 是到球面的调和映射. 方程的主要特征是具有自然增长条件, 而没有 "小性" 条件, 因此前面介绍的经典方法失效.

设 Sobolev 空间

$$W^{1,2}(\Omega;\mathbb{S}^{N-1})=\left\{u\in W^{1,2}(\Omega;R^N):\,|u(x)|=1\right\}.$$

记 $\nabla u=\left(\dfrac{\partial u^k}{\partial x_i}\right)\in M^{N\times n}$, $\nabla u:\nabla w=\dfrac{\partial u^k}{\partial x_i}\dfrac{\partial w^k}{\partial x_i}$.

定义 6.2 设 $u\in W^{1,2}(\Omega;\mathbb{S}^{N-1})$. 如果对任意的 $\varphi\in W_0^{1,2}(\Omega;\mathbb{R}^N)\cap L^\infty(\Omega;\mathbb{R}^N)$,

$$\int_\Omega \nabla u:\nabla\varphi=\int_\Omega |\nabla u|^2 u\cdot\varphi, \tag{6.25}$$

则称 u 为弱调和映射. 如果进一步满足

$$\int_\Omega |\nabla u|^2\mathrm{div}\zeta-2u_{x_i}^k u_{x_j}^k\zeta_{x_j}^i=0,\quad \forall\zeta\in C_0^1(\Omega;\mathbb{R}^n), \tag{6.26}$$

则称 u 是弱稳态调和映射.

方程 (6.26) 能从计算区域变分得到: 记 $u^t(x)=u(x+t\zeta(x))$, 计算 $I'(u^t)|_{t=0}=0$. 在 u 光滑时直接从 (6.25) 取 $\varphi=(\nabla u)\zeta$ 可得到 (6.26).

稳态条件主要用在可以导出不变能量的单调性: 从调和映射方程我们看到能量

$$E(x,r)\equiv\frac{1}{r^{n-2}}\int_{B_r(x)}|\nabla u|^2dy$$

在伸缩变化下不变. 如果满足 (6.26) 条件, 则

$$\frac{d}{dr}\left(\frac{1}{r^{n-2}}\int_{B_r(x)}|\nabla u|^2dy\right)>0.$$

事实上, 取 $x=0,\zeta=\phi(|y|)y$, 这里

$$\phi(s)=\begin{cases}1, & s\leqslant r,\\ 1+\dfrac{r-s}{h}, & r\leqslant s\leqslant r+h,\\ 0, & s>r+h.\end{cases}$$

令 $h\to 0^+$, 得

$$(n-2)\int_{B_r(0)}|\nabla u|^2=-\frac{2}{r}\int_{\partial B_r(0)}|(\nabla u)y|^2d\mathcal{H}^{n-1}+r\int_{\partial B_r(0)}|\nabla u|^2d\mathcal{H}^{n-1},$$

这里 $\mathcal{H}^k$ 表示 k 维 Hausdorff 测度. 由此可得结论.

我们描述调和映射的正则性定理.

定理 6.8 假设 $u \in W^{1,2}(\Omega;\mathbb{S}^{N-1})$ 是稳态调和映射. 则存在开集 $U \subset \Omega$ 使得

$$u \in C^\infty(U;\mathbb{S}^{N-1}), \quad \mathcal{H}^{n-2}(\Omega\backslash U)=0.$$

特别地, 当 $n=2$, 弱调和映射是光滑的.

这个定理的证明要归功于 Hélein [He][He1][He2] 对方程右边的深邃观察: 由于 $|u|=1$, $|\nabla u|^2 u$ 能够写出散度形式, 从而属于 Hardy 空间 $\mathscr{H}^1$. 对于到一般紧致 Riemann 流形的稳态调和映射的部分正则性见 Bethuel [Be].

定义 6.3 设 $g \in L^1(\mathbb{R}^n), \phi \in C_0^\infty(B_1(0))$, 且 $\int_{R^n}\phi=1$. 定义

$$g^*(x) \equiv \sup_{r>0}\left|\frac{1}{r^n}\int_{\mathbb{R}^n} g(y)\phi\left(\frac{x-y}{r}\right)\right|,$$

如果 $g^* \in L^1(\mathbb{R}^n)$, 则称 g 是 Hardy 空间 $\mathscr{H}^1$ 的元素, 记

$$\|g\|_{\mathscr{H}^1(\mathbb{R}^n)}=\|g^*\|_{L^1(\mathbb{R}^n)}.$$

Fefferman 的定理 [Fe] 断言

$$(\mathscr{H}^1)^*(\mathbb{R}^n)=BMO(\mathbb{R}^n)$$

且

$$\left|\int_{R^n} fg\right| \leqslant c(n)\|f\|_{BMO(\mathbb{R}^n)}\|g\|_{\mathscr{H}^1(\mathbb{R}^n)}, \tag{6.27}$$

这里 $f \in L^\infty(\mathbb{R}^n), g \in \mathscr{H}^1(\mathbb{R}^n)$.

下面的命题是 R. Coifman, P.-L. Lions, Y. Meyer 和 S. Semmes [CLMS] 的补偿紧定理.

命题 6.1 假设 $u \in H^1(\mathbb{R}^n), v \in L^2(\mathbb{R}^n;\mathbb{R}^n)$ 且在分布意义下

$$\operatorname{div} v=0.$$

则 $Du\cdot v \in \mathscr{H}^1(\mathbb{R}^n)$, 且

$$\|Du\cdot v\|_{\mathscr{H}^1(\mathbb{R}^n)} \leqslant c\left(\|Du\|^2_{L^2(\mathbb{R}^n)}+\|v\|^2_{L^2(\mathbb{R}^n;\mathbb{R}^n)}\right).$$

证明 固定 x, 记 $\phi_r(y)=\phi\left(\frac{x-y}{r}\right)$, 则取 $2<p<2^*=\frac{2n}{n-2}, \frac{1}{p}+\frac{1}{p'}=$

$1, s^* = p, s = \dfrac{pn}{n+p} < 2,$

$$
\begin{aligned}
\left|\frac{1}{r^n}\int_{\mathbb{R}^n} Du\cdot v\phi_r\right| &= \left|\frac{1}{r^n}\int_{\mathbb{R}^n}(u-(u)_{x,r})\cdot vD\phi_r dy\right| \\
&\leqslant \frac{C}{r^{n+1}}\int_{B_r(x)}|u-(u)_{x,r}||v|dy \\
&\leqslant \frac{C}{r^{n+1}}\|u-(u)_{x,r}\|_{L^p(B_r(x))}\|v\|_{L^{p'}(B_r(x))} \\
&\leqslant \frac{C}{r^n}\|Du\|_{L^s(B_r(x))}\|v\|_{L^{p'}(B_r(x))} \\
&\leqslant C(n)M(|Du|^s)^{1/s}(x)M(|v|^{p'})^{1/p'}(x) \\
&\leqslant C(n)\left(M(|Du|^s)^{2/s}(x)+M(|v|^{p'})^{2/p'}(x)\right),
\end{aligned}
$$

这样

$$
\|Du\cdot v\|_{\mathscr{H}^1(\mathbb{R}^n)} \leqslant C(n)\left(\int_{\mathbb{R}^n} M(|Du|^s)^{2/s} + \int_{\mathbb{R}^n} M(|v|^{p'})^{2/p'}(x)\right). \qquad \square
$$

定理 6.8 证明的关键是下面的衰减引理.

引理 6.2 假设 $u\in W^{1,2}(\Omega;\mathbb{S}^{N-1})$ 是稳态弱调和映射. 则存在常数 $\varepsilon_0,\tau\in(0,1)$ 使得

$$
E(x,r)\leqslant\varepsilon_0,
$$

隐含着

$$
E(x,\tau r)\leqslant\frac{1}{2}E(x,r).
$$

证明 1° 如果引理的结论不成立, 则存在球 $B_{r_k}(x_k)\subset\Omega$, 使得

$$
E(x_k,r_k)=\lambda_k^2\to 0,
$$

而

$$
E(x_k,\tau r_k)>\frac{1}{2}\lambda_k^2.
$$

做伸缩变换, 令

$$
v_k(z)=\frac{u(x_k+r_kz)-a_k}{\lambda_k},
$$

这里 $a_k = \fint_{B_{r_k}(x_k)} udy=(u)_{x_k,r_k}$. 于是

$$
\int_{B_1(0)}|v_k|^2<\infty,\quad \int_{B_1(0)}|Dv_k|^2=1,
$$

而

$$\frac{1}{\tau^{n-2}}\int_{B_\tau(0)}|Dv_k|^2dz>\frac{1}{2}. \tag{6.28}$$

存在子列仍记为 v_k,

$$v_k\rightharpoonup v,\quad W^{1,2}(B_1(0);\mathbb{R}^N),$$

$$\|v_k-v\|_{L^2(B_1(0);\mathbb{R}^N)}\to 0.$$

由于 u 从而 v_k 是弱调和的, 设 $w\in C_0^\infty(B_1(0);\mathbb{R}^N)$, 令

$$w_k(y)=w\left(\frac{y-x_k}{r_k}\right),$$

则

$$\int_{B_1(0)}Dv_k:Dwdz=\lambda_k\int_{B_1(0)}|Dv_k|^2(a_k+\lambda_kv_k)wdz,$$

令 $k\to\infty$, 则

$$\int_{B_1(0)}Dv:Dw=0,$$

即

$$\Delta v(x)=0,\quad x\in B_1(0).$$

于是

$$\|Dv\|_{L^\infty(B_{\frac{1}{2}}(0))}\leqslant C\int_{B_1(0)}|v|^2<\infty,$$

特别地, 对充分小的 $\tau\in(0,1)$,

$$\frac{1}{\tau^{n-2}}\int_{B_\tau(0)}|Dv_k|^2\leqslant C\tau^2<\frac{1}{2}.$$

如果能证明

$$\|Dv_k-Dv\|_{L^2(B_{1/2}(0))}\to 0, \tag{6.29}$$

则从 (6.28),

$$\frac{1}{\tau^{n-2}}\int_{B_\tau(0)}|Dv|^2\geqslant\frac{1}{2}.$$

矛盾!

2° 下面我们证明强收敛 (6.29). 由于 $\forall w\in H_0^1(B_1(0);\mathbb{R}^N)\cap L^\infty(B_1(0);\mathbb{R}^N)$,

$$\int_{B_1(0)}(Dv_k-Dv):Dwdz=\lambda_k\int_{B_1(0)}|Dv_k|^2(a_k+\lambda_kv_k)\cdot wdz, \tag{6.30}$$

设截断函数 ζ 满足: $0 \leqslant \zeta \leqslant 1, \zeta(x) = 1, \forall x \in B_{1/2}(0), \zeta(x) = 0, \forall x \in \mathbb{R}^n \backslash B_{5/8}(0)$, 取 $w = \zeta^2(v_k - v)$, 则 (6.30) 的左边

$$\begin{aligned}L_k &= \int_{B_1(0)} (Dv_k - Dv) : (Dv_k - Dv)\zeta^2 + 2\zeta(Dv_k - Dv) : (v_k - v)D\zeta \\ &= \int_{B_1(0)} |Dv_k - Dv|^2 \zeta^2 + o(1).\end{aligned}$$

(6.30) 的右边

$$\begin{aligned}R_k &= \lambda_k \int_{B_1(0)} \zeta^2 |Dv_k|^2 (a_k + \lambda_k v_k) \cdot (v_k - v) dz \\ &= \lambda_k \int_{B_1(0)} \zeta^2 v^j_{k,x_i} v^j_{k,x_i} (a^l_k + \lambda_k v^l_k)(v^l_k - v^l) dz \\ &= \lambda_k \int_{B_1(0)} \zeta^2 v^j_{k,x_i} \left(v^j_{k,x_i}(a^l_k + \lambda_k v^l_k) - v^l_{k,x_i}(a^j_k + \lambda_k v^j_k) \right) (v^l_k - v^l),\end{aligned}$$

这里用了 Hélein 的一个技巧: $|u|^2 = 1, u_{x_i} \cdot u = 0$. 记

$$b^{jl}_{k,i} = v^j_{k,x_i}(a^l_k + \lambda_k v^l_k) - v^l_{k,x_i}(a^j_k + \lambda_k v^j_k),$$

$$\begin{aligned}R_k &= \lambda_k \int_{B_1(0)} \zeta^2 v^j_{k,x_i} b^{jl}_{k,i} (v^l_k - v^l) dz \\ &= \lambda_k \int_{\mathbb{R}^n} (\zeta v^j_k)_{x_i} b^{jl}_{k,i} (\zeta(v^l_k - v^l)) - \zeta_{x_i} v^j_k b^{jl}_{k,i} (\zeta(v^l_k - v^l)) \\ &= \lambda_k (R_{k1} + R_{k2}).\end{aligned}$$

显然

$$\sup_k |R_{k2}| < \infty.$$

下面估计 $|R_{k1}|$: 首先函数列 $\{\zeta(v_k - v)\}_k$ 具有一致估计:

$$\|\zeta(v_k - v)\|_{BMO(\mathbb{R}^n)} \leqslant C(n).$$

设 $z_0 \in B_{7/8}(0), 0 < r \leqslant 1/8$. 记

$$y_k = x_k + r_k z_0 \in B_{\frac{7}{8} r_k}(x_k).$$

从单调性不等式,

$$\begin{aligned}\frac{1}{(rr_k)^{n-2}} \int_{B_{rr_k}(y_k)} |Du|^2 dy &\leqslant \frac{8^{n-2}}{r_k^{n-2}} \int_{B_{r_k/8}(y_k)} |Du|^2 dy \\ &\leqslant \frac{8^{n-2}}{r_k^{n-2}} \int_{B_{r_k}(x_k)} |Du|^2 dy \\ &= 8^{n-2} \lambda_k^2,\end{aligned}$$

即

$$\frac{1}{r^{n-2}}\int_{B_r(z_0)} Dv_k|^2dz \leqslant 8^{n-2}.$$

于是

$$\fint_{B_r(z_0)} |v_k-(v_k)_{z_0,r}| \leqslant C.$$

由 John-Nirenberg 不等式, 推论 3.2,

$$v_k \in L^p(B_{7/8}(0);\mathbb{R}^N), \quad 1 \leqslant p < \infty.$$

如果 $z_0 \in B_{3/4}(0), 0<r\leqslant \frac{1}{8}$, 有

$$\begin{aligned}
\fint_{B_r(z_0)} |\zeta v_k-(\zeta v_k)_{z_0,r}|dz &\leqslant \fint_{B_r(z_0)} \zeta|v_k-(v_k)_{z_0,r}|+|\zeta(v_k)_{z_0,r}-(\zeta v_k)_{z_0,r}| \\
&\leqslant C+Cr\fint_{B_r(z_0)}|v_k| \\
&\leqslant C+\frac{C}{r^{n-1}}\left(\int_{B_r(z_0)}|v_k|^n\right)^{\frac{1}{n}} r^{n(1-\frac{1}{n})} \\
&\leqslant C(n).
\end{aligned}$$

同样的估计在 $z_0 \in \mathbb{R}^n\backslash B_{3/4}(0)$ 成立, 因为 $\zeta(x)\equiv 0, x\in\mathbb{R}^n\backslash B_{5/8}(0)$.

其次, 函数列 $\left\{b_{k,i}^{jl}\right\}_k$ 具有性质: $\|b_{k,i}^{jl}\|_{L^2(B_1(0))}\leqslant C$, 且在分布意义下满足

$$\operatorname{div} b_{k,i}^{jl}=0.$$

事实上, $\forall \phi \in W^{1,2}(B_1(0))\cap L^\infty(B_1(0))$, 利用 v_k 满足的方程,

$$\begin{aligned}
\int_{B_1(0)} \phi_{x_i} b_{k,i}^{jl} &= \int_{B_1(0)} \phi_{x_i}\left(v_{k,x_i}^j(a_k^l+\lambda_k v_k^l)-v_{k,x_i}^l(a_k^j+\lambda_k v_k^j)\right) \\
&= \int_{B_1(0)} v_{k,x_i}^j\left((a_k^l+\lambda_k v_k^l)\phi\right)_{x_i}-v_{k,x_i}^l\left((a_k^j+\lambda_k v_k^j)\phi\right)_{x_i} \\
&= \lambda_k\int_{B_1(0)}|Dv_k|^2\left((a_k^j+\lambda_k v_k^j)(a_k^l+\lambda_k v_k^l)\right. \\
&\quad \left.-(a_k^l+\lambda_k v_k^l)(a_k^j+\lambda_k v_k^j)\right)\phi \\
&= 0.
\end{aligned}$$

利用命题 6.1, $(\zeta v_k^j)_{x_i} b_{k,i}^{jl} \in \mathscr{H}^1(\mathbb{R}^n)$, 且

$$\|(\zeta v_k^j)_{x_i} b_{k,i}^{jl}\|_{\mathscr{H}^1(\mathbb{R}^n)} \leqslant C\left(\|D(\zeta v_k^j)\|_{L^2(B_1(0))}^2+\|b_{k,i}^{jl}\|_{L^2(B_1(0))}^2\right) \leqslant C.$$

最后, 由 Fefferman 的对偶定理, 即不等式 (6.27),

$$|R_{k1}| \leqslant \|(\zeta v_k^j)_{x_i} b_{k,i}^{jl}\|_{\mathscr{H}^1(\mathbb{R}^n)} \|\zeta(v_k^l - v^l)\|_{BMO(\mathbb{R}^n)} \leqslant C.$$

这样从 (6.30) 的两边看到

$$\int_{B_{1/2}(0)} |Dv_k - Dv|^2 + o(1) \leqslant \lambda_k (|R_{k1}| + |R_{k2}|) \leqslant C\lambda_k,$$

证明了 (6.29). □

定理 6.8 的证明 令

$$U = \{x \in \Omega : E(x,r) < \varepsilon_0, \quad 0 < r \leqslant \operatorname{dist}(x, \partial\Omega)\},$$

则 U 是开集, 标准的方法能够证明

$$\mathcal{H}^{n-2}(\Omega \backslash U) = 0.$$

事实上, 设 $x_0 \in \Omega \backslash U$, 则存在 $\delta > 0$ 使得

$$\frac{1}{\delta^{n-2}} \int_{B_\delta(x_0)} |\nabla u|^2 \geqslant \varepsilon_0.$$

设 $k(\delta)$ 是最大的个数使得 $\{B_\delta(x_1), \cdots, B_\delta(x_k)\}$ 是不交集合, 而 $\Omega \backslash U \subset \bigcup_{i=1}^{k} B_{5\delta}(x_i)$. 于是

$$k\delta^{n-2} \leqslant \varepsilon_0^{-1} \int_{\bigcup_i B_\delta(x_i)} |\nabla u|^2 \leqslant \varepsilon_0^{-1} \int_\Omega |\nabla u|^2,$$

而

$$\mathcal{H}^n\left(\bigcup_i B_\delta(x_i)\right) \leqslant c(n)\delta^2 \varepsilon_0^{-1} \int_\Omega |\nabla u|^2.$$

从而

$$\mathcal{H}^{n-2}(\Omega \backslash U) = 0.$$

当 $x \in U$ 时,

$$E(y,r) \leqslant Cr^\alpha,$$

这里 $\alpha > 0, C > 0$ 是常数, $y \in \mathcal{O}(x)$. 从而 $u \in C^{0,\alpha/2}$, 椭圆型方程的靴带论证可以得到高阶正则性. □

习 题 6

1. 设 F 光滑, 对泛函 $I(u)=\int_{\Omega}F(D^2u)dx, u\in W^{2,\infty}(\Omega;\mathbb{R}^N)$, 在严格一致拟凸条件下证明其极小点的部分正则性.

2. 设 $u:\Omega\subset\mathbb{R}^n\to S^{N-1}$ 是到球面的映射, 设 $u\in W^{1,p}(\Omega,\mathbb{S}^{N-1}), p>1$. 计算能量

$$I(u)=\frac{1}{p}\int_{\Omega}|\nabla u|^p.$$

极小点 u 满足

$$-\Delta u=|\nabla u|^p u,$$

u 称为弱 p-调和映射.

3. 如果 $u\in W^{2,p}(\Omega,\mathbb{S}^{N-1})$, 并且 u 关于区域的变分为 0, 即 $\frac{d}{dt}I(u^t)|_{t=0}=0$, 这里 $u^t(x)=u(x+t\zeta(x)),\zeta\in C_0^{\infty}(\Omega;\mathbb{R}^N)$. 证明 u 满足单调不等式

$$\frac{1}{r^{n-p}}\int_{B_r(x)}|\nabla u|^p\leqslant\frac{1}{R^{n-p}}\int_{B_R(x)}|\nabla u|^p,\quad r<R.$$

4. 如果 u 是弱 p- 调和映射, $1<p<n$, 且区域变分为 0, 证明

$$u\in C^{\alpha}(\Omega\backslash\Sigma;\mathbb{S}^{N-1}),\quad \mathcal{H}^{n-p}(\Sigma)=0.$$

参考文献

[Be] F. Bethuel, On the singular set of stationary harmonic maps, Manu. Math. 78 (1993), 417-443.

[CZ] A. P. Calderon and A. Zygmund, On the existence of certain singular integrals, Acta Math. 88 (1952), 85-139.

[CW] 陈亚浙, 吴兰成, 二阶椭圆型方程与椭圆型方程组, 科学出版社, 1991.

[CLMS] R. Coifman, P.-L. Lions, Y. Meyer, and S. Semmes, Compacite par compensation et espaces de Hardy, C. R. Acad. Sci. Paris Ser. I Math. 309 (1991), 945-949.

[Ev] L. C. Evans, Quasiconvexity and partial regularity in the calculus of variationas, Arch. Rational Mech. Anal. 95 (1986), 227-252.

[Ev1] L. C. Evans, Partial regularity for stationary harmonic maps into spheres, Arch. Rational Mech. Anal 116 (1991), 101-113.

[Fe] C. Fefferman, Characterizations of bounded mean oscillation, Bulletin AMS 77 (1971), 585-587.

[Ge] F. W. Gehring, The L^p-integrability of the partial derivatives of a quasi conformal mapping, Acta Math. 130 (1973), 265-277.

[Gia] M. Giaquinta, Mulitple integrals in the calculus of variations and nonlinear elliptic systems, Princeton University Press, 1983.

[GM] M. Giaquinta and G. Modica, Regularity results for some calsses of higher order nonliner elliptic systems, J. für reine u angew Math. 311/312 (1979), 145-169.

[GT] D. Gilbarg and N. Trudinger, Elliptic Partial Diffrential Equations of Second Order, Second edition, Grundlehren der mathematischen Wissenschaften 224, Springer-Verlag, 1983.

[Gr] D. Greco, Nuove formole integrali di maggiorazione per le soluzioni di un'equazione lieare di tipo ellittico ed applicazioni alla teoria del potenzile, Ricerche Mat. 5 (1956), 126-149.

[HL] Q. Han and F. Lin, Elliptic Partial Differential Equations. Second edition, Courant Lecture Notes in Mathematics 1, Courant Institute of Mathematical Sciences, New York; American Mathematical Society, 2011.

[He] F. Hélein, Régularité des applications faiblement harmoniques entre une surface et une variété Riemannienne, C. R. Acad. Sci. Paris, 312 (1991), 591-596.

[He1] F. Hélein, Regularity of weakly harmonic maps from a surface a surface into a manifold with symmetries, Manu. Math. 70 (1991), 203-218.

[He2] F. Hélein, Harmonic Maps, Conservations Laws and Moving Frames, Second edition, Cambridge University Press, 2002.

[Ko] A. E. Košelev, On the boundedness in L^p of derivatives of solutions of elliptic differential equations, Mat. Sb.(N.S.) 38(80) (1956), 359-372 (Russian).

[L] X. G. Liu , Partial regularity of multiple variational integrals of any order, Proceedings of the Royal Society of Edinburgh 114A (1990), 279-290.

[Me] N. G. Meyers, Quasiconvexity and lower semicontinuity of multiple variational integrals of any order, Trans. Amer. Math. Soc. 119 (1965), 125-149.

现代数学基础图书清单

（书号前缀为 978-7-04-0xxxxx-x）

序号	书号	书名	作者
1	21717-9	代数和编码（第三版）	万哲先 编著
2	22174-9	应用偏微分方程讲义	姜礼尚、孔德兴、陈志浩
3	23597-5	实分析（第二版）	程民德、邓东皋、龙瑞麟 编著
4	22617-1	高等概率论及其应用	胡迪鹤 著
5	24307-9	线性代数与矩阵论（第二版）	许以超 编著
6	24465-6	矩阵论	詹兴致
7	24461-8	可靠性统计	茆诗松、汤银才、王玲玲 编著
8	24750-3	泛函分析第二教程（第二版）	夏道行 等编著
9	25317-7	无限维空间上的测度和积分 —— 抽象调和分析（第二版）	夏道行 著
10	25772-4	奇异摄动问题中的渐近理论	倪明康、林武忠
11	27261-1	整体微分几何初步（第三版）	沈一兵 编著
12	26360-2	数论 I —— Fermat 的梦想和类域论	[日]加藤和也、黒川信重、斎藤毅 著
13	26361-9	数论 II —— 岩泽理论和自守形式	[日]黒川信重、栗原将人、斎藤毅 著
14	38040-8	微分方程与数学物理问题（中文校订版）	[瑞典]纳伊尔·伊布拉基莫夫 著
15	27486-8	有限群表示论（第二版）	曹锡华、时俭益
16	27431-8	实变函数论与泛函分析（上册，第二版修订本）	夏道行 等编著
17	27248-2	实变函数论与泛函分析（下册，第二版修订本）	夏道行 等编著
18	28707-3	现代极限理论及其在随机结构中的应用	苏淳、冯群强、刘杰 著
19	30448-0	偏微分方程	孔德兴
20	31069-6	几何与拓扑的概念导引	古志鸣 编著
21	31611-7	控制论中的矩阵计算	徐树方 著
22	31698-8	多项式代数	王东明 等编著
23	31966-8	矩阵计算六讲	徐树方、钱江 著
24	31958-3	变分学讲义	张恭庆 编著
25	32281-1	现代极小曲面讲义	[巴西]F. Xavier、潮小李 编著
26	32711-3	群表示论	丘维声 编著
27	34675-6	可靠性数学引论（修订版）	曹晋华、程侃 著
28	34311-3	复变函数专题选讲	余家荣、路见可 主编
29	35738-7	次正常算子解析理论	夏道行
30	34834-7	数论 —— 从同余的观点出发	蔡天新
31	36268-8	多复变函数论	萧荫堂、陈志华、钟家庆
32	36168-1	工程数学的新方法	蒋耀林

续表

序号	书号	书名	作者
33	34525-4	现代芬斯勒几何初步	沈一兵、沈忠民
34	36472-9	数论基础	潘承洞 著
35	36950-2	Toeplitz 系统预处理方法	金小庆 著
36	37037-9	索伯列夫空间	王明新
37	37252-6	伽罗瓦理论 —— 天才的激情	章璞 著
38	37266-3	李代数（第二版）	万哲先 编著
39	38651-6	实分析中的反例	汪林
40	38890-9	泛函分析中的反例	汪林
41	37378-3	拓扑线性空间与算子谱理论	刘培德
42	31845-6	旋量代数与李群、李代数	戴建生 著
43	33260-5	格论导引	方捷
44	39503-7	李群讲义	项武义、侯自新、孟道骥
45	39502-0	古典几何学	项武义、王申怀、潘养廉
46	40458-6	黎曼几何初步	伍鸿熙、沈纯理、虞言林
47	41057-0	高等线性代数学	黎景辉、白正简、周国晖
48	41305-2	实分析与泛函分析（续论）（上册）	匡继昌
49	41285-7	实分析与泛函分析（续论）（下册）	匡继昌
50	41223-9	微分动力系统	文兰
51	41350-2	阶的估计基础	潘承洞、于秀源
52	41513-1	非线性泛函分析（第三版）	郭大钧
53	41408-0	代数学（上）（第二版）	莫宗坚、蓝以中、赵春来
54	41420-2	代数学（下）（修订版）	莫宗坚、蓝以中、赵春来
55	41873-6	代数编码与密码	许以超、马松雅 编著
56	43913-7	数学分析中的问题和反例	汪林
57	44048-5	椭圆型偏微分方程	刘宪高